Online Machine Learning

Thomas Bartz-Beielstein · Eva Bartz
(Hrsg.)

Online Machine Learning

Eine praxisorientierte Einführung

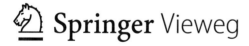
Springer Vieweg

Hrsg.
Thomas Bartz-Beielstein
Institute for Data Science, Engineering,
and Analytics
TH Köln
Gummersbach, Deutschland

Eva Bartz
Bartz & Bartz GmbH
Gummersbach, Deutschland

ISBN 978-3-658-42504-3   ISBN 978-3-658-42505-0 (eBook)
https://doi.org/10.1007/978-3-658-42505-0

Die Deutsche Nationalbibliothek verzeichnet diese Publikation in der Deutschen Nationalbibliografie; detaillierte
bibliografische Daten sind im Internet über https://portal.dnb.de abrufbar.

Planung/Lektorat: David Imgrund
Springer Vieweg ist ein Imprint der eingetragenen Gesellschaft Springer Fachmedien Wiesbaden GmbH und ist
ein Teil von Springer Nature.
Die Anschrift der Gesellschaft ist: Abraham-Lincoln-Str. 46, 65189 Wiesbaden, Germany

Das Papier dieses Produkts ist recycelbar.

Vorwort

Dieses Buch beschäftigt sich mit dem spannenden, zukunftsträchtigen Thema des Online Machine Learning (OML). Es gliedert sich in drei Teile:

Zunächst beschäftigen wir uns ausführlich mit den theoretischen Grundlagen von OML. Wir beschreiben, was OML ist, und fragen, wie man es mit Batch Machine Learning (BML) vergleichen kann und welche Kriterien für einen aussagekräftigen Vergleich man entwickeln sollte. Im zweiten Teil stellen wir Überlegungen zur Praxis an und belegen diese im dritten Teil mit konkreten praktischen Anwendungen.

Warum OML? Es geht unter anderem um den entscheidenden Zeitvorteil. Das können Monate, Wochen, Tage, Stunden oder auch nur Sekunden sein. Dieser Zeitvorteil kann entstehen, wenn die Künstliche Intelligenz (KI) Daten fortlaufend, also online auswerten kann. Sie nicht darauf warten muss, bis ein kompletter Datensatz zur Verfügung steht, sondern bereits eine einzelne Beobachtung zur Aktualisierung des Modells verwendet werden kann. Hat OML noch andere Vorteile außer dem offensichtlichen Zeitvorteil? Wenn ja, welche? Wir fragen: Gibt es Grenzen des BML, die OML überwindet?

Es muss genau untersucht werden, zu welchem Preis man sich diese Vorteile durch OML verschafft. Wie hoch ist der Speicherbedarf im Vergleich zu herkömmlichen Verfahren? Speicherbedarf bedeutet auch finanzielle Kosten, z. B. durch höheren Energiebedarf. Ist OML eventuell energiesparend und damit nachhaltiger, also Green IT? Erhält man vergleichbar gute Ergebnisse? Leidet die Güte (Performanz), werden die Ergebnisse ungenauer? Um diese Fragen verlässlich zu beantworten, geben wir im Theorieteil zunächst eine verständliche Einführung in OML, die sich sowohl für Anfänger als auch für Fortgeschrittene eignet. Dann begründen wir die von uns gefundenen Kriterien, die wir für die Vergleichbarkeit von OML und BML heranziehen, nämlich eine gut nachvollziehbare Darstellung von Güte, Zeit- und Speicherbedarf.

Im zweiten Teil beschäftigen wir uns mit der Frage, genau wie OML in der Praxis eingesetzt werden kann. Zu Wort kommen Experten aus der Praxis, die von den Anforderungen an die amtliche Statistik berichten. Wir begründen Empfehlungen für den praktischen Einsatz von OML. Wir stellen umfassend die Softwarepakete vor, die derzeit für OML zur Verfügung stehen, insbesondere „river"[1], und bieten mit Sequential Parameter Optimization Toolbox for River (spotRiver) eine von uns eigens für OML entwickelte Software an. Wir beschäftigen uns ausführlich mit den besonderen Problemen, die bei Datenströmen auftreten können. Hier sei das für Datenströme zentrale Problem der Drift genannt. Wir behandeln die Erklärbarkeit von KI-Modellen, die Interpretierbarkeit und Reproduzierbarkeit. Diese Aspekte können zu höherer Akzeptanz von KI beitragen, wie sie in kommenden Regulierungen für KI-Systeme gefordert wird.

Im Anwendungsteil präsentieren wir zwei ausführliche Studien, davon eine mit einem großen Datensatz mit einer Million Daten. Wir belegen, wann OML besser funktioniert als BML. Besonders interessant ist die Studie zum Hyperparameter-Tuning von OML. Hier zeigen wir, wie OML durch die Optimierung von Hyperparametern deutlich besser funktionieren kann.

Notebooks

Ergänzender Programmcode zu den Anwendungen und Beispielen aus diesem Buch ist in sogenannten „Jupyter-Notebooks" im GitHub-Repository https://github.com/ sn-code-inside/online-machine-learning zu finden. Die Notebooks sind kapitelweise organisiert.

Die Unternehmensberatung Bartz & Bartz GmbH[2] hat den Grundstein für dieses Buch gelegt, als sie 2022 einen Auftrag aus einer Ausschreibung des Statistischen Bundesamtes zugeschlagen bekam[3]. Das Statistische Bundesamt wollte wissen, ob es für den Schatz an Daten und die Auswertung im öffentlichen Auftrag Sinn macht, OML jetzt schon einzusetzen (siehe hierzu die Ausführungen in Kap. 7). Unser leicht ernüchterndes Ergebnis der Expertise war: Es eröffnen sich interessante Perspektiven für die Zukunft, aber momentan bietet sich ein Einsatz noch nicht unmittelbar an. Teils gibt es in der Praxis fachliche und organisatorische Hürden, Prozesse so anzupassen, dass die Vorteile von OML wirklich zur Geltung kommen können. Teils sind OML-Verfahren und Implementierungen noch nicht ausgereift genug.

Das Thema hat uns so fasziniert, dass wir uns entschlossen haben, es weiter zu verfolgen. Prof. Dr. Thomas Bartz-Beielstein hat die Frage nach der Praxisrelevanz von OML mit in die TH Köln genommen und dort seine seit Jahren laufende Forschung zu dem Bereich weiter voran getrieben. Die Forschergruppe am Institut für Data Science, Engineering, and Analytics (IDE+A)[4] konnte unter seiner Anleitung Software so weit entwickeln, dass wir glauben, die Tauglichkeit ein ganzes Stück voran gebracht zu haben. So haben

---

[1] https://riverml.xyz/

[2] https://bartzundbartz.de

[3] https://destatis.de

[4] https://www.th-koeln.de/idea

wir die damals entstandene Expertise der Bartz & Bartz GmbH mit der Forschung an der TH Köln kombiniert, woraus dieses Buch entstanden ist.

Insgesamt eignet sich das Buch gleichermaßen als Handbuch zum Nachschlagen für Experten, die sich mit OML beschäftigen, als Lehrbuch für Anfänger, die sich mit OML beschäftigen wollen, und als wissenschaftliche Publikation für Wissenschaftler, die sich mit OML beschäftigen, da es den neuesten Stand der Forschung wiedergibt. Es kann aber auch quasi als OML-Consulting dienen, denn Entscheider und Praktiker können anhand unserer Ausführungen OML maßgeschneidert für ihre Bedürfnisse anpassen, für ihre Anwendung einsetzen und fragen, ob die Vorteile von OML eventuell die Kosten aufwiegen.

Um nur einige Beispiele aus der militärischen und zivilen Praxis zu nennen:

- Sie verwenden hochmoderne Sensorsysteme, um Hochwasser vorauszusagen. Hier kann eine schnellere Vorhersage Leben retten.
- Sie müssen terroristische Angriffe abwehren und setzen dazu Unterwassersensorik ein. Hier kann es entscheidend sein, dass die KI schneller „erkennt", ob es sich um harmlose Wassersportler handelt.
- Sie sind verantwortlich für die Beobachtung des Luftraums. Aufklärungsdrohnen können beispielsweise effizienter eingesetzt werden, wenn sie mit ganz aktuellen KI-Datenauswertungen programmiert und trainiert werden können.
- Sie müssen sehr zügig die Produktion von Gütern der kritischen Infrastruktur, wie Impfstoff, Schutzkleidung oder medizinische Apparaturen, anpassen. Hier kann es sinnvoll sein, den gesamten Produktionsablauf samt einzusetzender Rohstoffe so aktuell wie möglich zu gestalten. Dazu kann eine Echtzeitauswertung und Übersetzung in Bedarfe anhand der Krankenhausbettenbelegung oder Krankschreibungen dienen.
- Sie müssen als Zahlungsdienstleister Betrugsversuche quasi in Echtzeit erkennen.

Abschließend stellen wir fest: OML wird bald praxistauglich, es lohnt sich, sich jetzt schon damit zu beschäftigen. In diesem Buch werden schon einige Werkzeuge vorgestellt, die in Zukunft die Praxis von OML erleichtern werden. Ein vielversprechender Durchbruch steht zu erwarten, weil die Praxis zeigt, dass aufgrund der großen Datenmengen, die in der Praxis anfallen, das bisherige BML nicht mehr ausreicht. OML ist die Lösung, um die Datenströme in Echtzeit auszuwerten, zu verarbeiten und Ergebnisse zu liefern, die für die Praxis relevant sind.

Im Einzelnen behandelt das Buch folgende Themen: Kapitel 1 beschreibt die Motivation für dieses Buch und die Zielsetzung. Es beschreibt die Nachteile und Grenzen von BML und die Notwendigkeit für OML. Kapitel 2 gibt eine Übersicht und Bewertung von Verfahren und Algorithmen mit speziellem Fokus auf Supervised Learning (Klassifikation und Regression). Kapitel 3 beschreibt Verfahren zur Drifterkennung. Die Aktualisierbarkeit der OML-Verfahren wird in Kap. 4 behandelt. Kapitel 5 erläutert Verfahren zur Bewertung von OML-Verfahren. Kapitel 6 beschäftigt sich mit den besonderen

Anforderungen an OML. Mögliche OML-Anwendungen werden in Kap. 7 dargestellt und von Experten der amtlichen Statistik beurteilt. Die Verfügbarkeit der Algorithmen in Softwarepaketen, im Speziellen für R und Python, wird in Kap. 8 dargestellt.

Der benötigte Rechenaufwand bei der Aktualisierung der OML-Modelle, auch im Vergleich zu einem algorithmisch ähnlichen Offline-Verfahren (BML), wird experimentell in Kap. 9 untersucht. Dort wird auch darauf eingegangen, inwiefern die Modellgüte beeinträchtigt werden könnte, insbesondere im Vergleich zu ähnlichen Offline-Verfahren. Kapitel 10 beschreibt das Hyperparameter-Tuning für OML. Kapitel 11 präsentiert eine Zusammenfassung und gibt wichtige Empfehlungen für die Praxis.

Gummersbach   Eva Bartz
April 2023

Inhaltsverzeichnis

Autorenverzeichnis

Thomas Bartz-Beielstein Institute for Data Science, Engineering, and Analytics, TH Köln, Gummersbach, Deutschland

Eva Bartz Bartz & Bartz GmbH, Gummersbach, Deutschland

Florian Dumpert Statistisches Bundesamt, Wiesbaden, Deutschland

Steffen Moritz Statistisches Bundesamt, Wiesbaden, Deutschland

Einleitung: Vom Batch Machine Learning zum Online Machine Learning

1

Thomas Bartz-Beielstein

Inhaltsverzeichnis

Zusammenfassung

Batch Machine Learning (BML), das auch als „Offline Machine Learning" bezeichnet wird, stößt bei sehr großen Datenmengen an seine Grenzen. Dies betrifft insbesondere den verfügbaren Speicher, das Behandeln von Drift in Datenströmen und die Verarbeitung neuer, unbekannter Daten. Online Machine Learning (OML) ist eine Alternative zu BML, die die Grenzen von BML überwindet. In diesem Kapitel werden die grundlegenden Begriffe und Konzepte von OML vorgestellt, wodurch die Unterschiede zum BML sichtbar werden.

T. Bartz-Beielstein (✉)
Institute for Data Science, Engineering, and Analytics, TH Köln, Gummersbach, Deutschland
E-Mail: thomas.bartz-beielstein@th-koeln.de

© Der/die Autor(en), exklusiv lizenziert an Springer Fachmedien Wiesbaden GmbH, ein Teil von Springer Nature 2024
T. Bartz-Beielstein und E. Bartz (Hrsg.), *Online Machine Learning,*
https://doi.org/10.1007/978-3-658-42505-0_1

1.1   Datenströme

Das Volumen der aus verschiedenen Quellen generierten Daten hat in den letzten Jahren enorm zugenommen. Technologische Fortschritte haben die kontinuierliche Erfassung von Daten ermöglicht. Zur Beschreibung von Big Data wurden anfänglich die „drei Vs" (Volume, Velocity und Variety) als Kriterien verwendet[1]: Volume bezeichnet hierbei die große Menge an Daten, Velocity die hohe Geschwindigkeit, mit der die Daten generiert werden, und Variety die große Vielfalt der Daten.

Die in diesem Buch betrachteten Datenströme (Streamingdaten) stellen eine noch größere Herausforderung für Machine Learning (ML)-Algorithmen dar als Big Data. Zu den drei Big-Data-Vs kommen noch weitere Herausforderungen hinzu, die sich insbesondere aus der Flüchtigkeit (Volatilität) und der Möglichkeit, dass abrupte Änderungen („Drift") auftreten können, ergeben.

Definition 1.1 (Streamingdaten)
Streamingdaten sind Daten, die in einem kontinuierlichen Datenstrom erzeugt werden. Sie sind lose strukturiert, flüchtig (nur einmal verfügbar), immer „fließend" und beinhalten unvorhersehbare, teilweise abrupte, Änderungen. Streamingdaten sind eine Teilmenge von Big Data mit den folgenden Eigenschaften:

- Volumen: Streamingdaten werden in sehr großen Mengen erzeugt.
- Velocity: Streamingdaten werden in sehr hoher Geschwindigkeit erzeugt.
- Variety: Streamingdaten sind in sehr unterschiedlichen Formaten verfügbar. Diese Eigenschaft bezeichnen wir als „vertikale Vielfalt".
- Variability: Streamingdaten sind strukturlos und variieren im Laufe der Zeit. Beispielsweise kann graduell oder abrupt Drift auftreten. Diese Eigenschaft bezeichnen wir als „horizontale Vielfalt".
- Volatilität: Streamingdaten sind flüchtig und nur einmal verfügbar.

Beispiel Streamingdaten

Bei verschiedenen täglichen Transaktionen, z. B. beim Onlineshopping, beim Onlinebanking oder beim Onlinehandel mit Aktien, werden sehr viele Daten erzeugt. Hinzu kommen Sensordaten, Social-Media-Daten, Daten aus Betriebsüberwachungen und Daten aus dem Internet der Dinge, um nur einige Beispiele zu nennen. ◄

Streamingdaten erfordern Analysen in Echtzeit oder nahezu in Echtzeit. Da der Datenstrom ständig produziert wird und nie endet, ist es nicht möglich, diese enormen Datenmengen

---

[1] Die drei Vs wurden im Laufe der Zeit durch Hinzunahme von Veracity und Value zu den „fünf Vs" erweitert.

zu speichern und erst im Anschluss Analysen darauf auszuführen (wie dies im klassischen Offline Machine Learning bei statischen Batchdaten der Fall ist).

Definition 1.2 (Statische Daten)
Unter statischen Daten verstehen wir Daten, die zu einem bestimmten Zeitpunkt erfasst wurden und nicht mehr verändert werden. Sie finden im Bereich des klassischen MLs Anwendung und weisen die folgenden Eigenschaften auf:

- Volumen: Statische Daten haben in der Regel einen überschaubaren Umfang.
- Persistenz: Statische Daten können beliebig oft abgerufen werden. Sie ändern ihre Struktur nicht.
- Struktur: Statische Daten sind in der Regel strukturiert und in Tabellenform vorliegend.

Dieses Buch basiert auf einer Studie, die für das Statistische Bundesamt durchgeführt wurde. Die hier beschriebenen Algorithmen können auch für die amtliche Statistik relevant werden. Das Statistische Bundesamt veröffentlicht Statistiken in regelmäßigen Abständen. Es laufen kontinuierlich neue Daten auf, die ausgewertet werden müssen. Noch sind die Veröffentlichungsintervalle und Datenmengen überschaubar, aber der Trend geht aktuell in Richtung neuer digitaler Daten und kürzerer Veröffentlichungszyklen. Die dann vorhandenen großen Datenmengen und Analyseanforderungen könnten neuartige ML-Algorithmen nötig machen. Diese Fragestellung wird in Abschn. 7.1 untersucht.

1.2   Nachteile des Batch-Lernens

In diesem Buch unterscheiden wir zwischen *Algorithmen* und *Modellen:* Modelle werden mit Hilfe von Algorithmen und Daten gebaut. Die meisten ML-Algorithmen verwenden statische Daten in drei Schritten zur Modellbildung:

1. Nach dem Laden der Daten werden die Daten vorverarbeitet.
2. Anschließend wird ein Modell an die Daten angepasst („gefittet"). Dieses Schritt wird auch als Training bezeichnet. Während des Trainings können die Daten mehrfach verwendet werden.
3. Abschließend wird die Leistung des Modells auf Testdaten, die während des Trainings nicht verwendet wurden, berechnet.

Definition 1.3 (Batch Machine Learning)
Maschinelles Lernen, das (klassisch) den gesamten Datensatz oder große Teilmengen des Datensatzes (Trainingsdaten) zum Erstellen des Modells verwendet, wird als „Batch Machine Learning" (BML) bezeichnet. Instanzen können mehrfach verwendet werden. Es

stehen relativ viel Zeit und relativ viel Speicher zur Verfügung. Batch Machine Learning wird auch als Offline Machine Learning bezeichnet.

Das BML stößt an seine Grenzen, wenn Datenströme (Streamingdaten) verarbeitet werden. In diesem Fall liegen flüchtige Daten vor, die nicht mehrfach verwendet werden können. Zudem können die Batch-Modelle aufgrund von Konzeptdrift (d.h., die Datenverteilung ändert sich im Laufe der Zeit) veraltet sein. In diesem Buch werden Lösungsansätze für die folgenden Probleme vorgestellt, die sich mit den klassischen Batch-Modellen nicht lösen lassen:

1. Großer Speicherbedarf
2. Drift
3. Unbekannte Daten
4. Zugänglichkeit der Daten

Diese Probleme werden detailliert in Abschn. 1.2.1 bis 1.2.4 beschrieben.

1.2.1 Speicherbedarf

Probleme beim BML treten treten auf, wenn die Größe des Datensatzes die Größe der verfügbaren Menge an Arbeitsspeicher (RAM) überschreitet. Mögliche Lösungen sind

- Optimierung der Datentypen (Sparse-Darstellungen)
- Verwendung eines Teildatensatzes („out-of-core learning"): Die Daten werden in Blöcke oder Mini-Batches unterteilt, siehe Spark MLlib oder Dask
- Einsatz stark vereinfachter Modelle.

Bei diesen Lösungen werden die Daten an das Modell angepasst und nicht das Modell an die Daten. Daher wird nicht das volle Potenzial der Onlinedaten genutzt.

1.2.2 Drift

Allgemein verursachen Strukturveränderungen („Drift") in den Daten Probleme für ML-Algorithmen[2]. So sind z.B. bei der Energieverbrauchsprognose die bisher bekannten Verbrauchswerte nur ein Element, das für die Modellierung benötigt wird. In der Praxis wird die zukünftige Nachfrage von einer Reihe nicht stationärer Kräfte wie Klimaschwankungen,

---

[2] Dieser Abschnitt beschreibt die unterschiedlichen Driftarten. Die OML-Algorithmen zur Drifterkennung und -behandlung werden in Kap. 3 beschrieben.

Bevölkerungswachstum oder durch die Einführung disruptiver, sauberer Energietechnologien angetrieben. Diese können sowohl eine allmähliche als auch eine plötzliche Domänenanpassung erfordern.

Drift verursacht Probleme für maschinelle Lernmodelle, da Modelle veraltet sein können – sie werden mit der Zeit unzuverlässig, da die von ihnen erfassten Beziehungen nicht mehr gültig sind. Dies führt zu einer Leistungsminderung dieser Modelle. Daher sollten Ansätze zur Vorhersage, Klassifizierung, Regression oder Anomalieerkennung in der Lage sein, Konzeptabweichungen rechtzeitig zu erkennen und darauf zu reagieren, damit das Modell so schnell wie möglich aktualisiert werden kann.

Bei Anwendungen für Zeitreihen können sich in vielen Bereichen wie Finanzen, E-Commerce, Wirtschaft und Gesundheitswesen die statistischen Eigenschaften der Zeitreihen ändern, wodurch Prognosemodelle unbrauchbar werden. Obwohl das Konzept des Driftproblems in der Literatur gut untersucht ist, wurde erstaunlicherweise nur wenig Aufwand betrieben, um es zu lösen. Wir können drei Driftarten unterschieden:

1. Feature Drift
2. Label Drift
3. Konzeptdrift

Im Folgenden bezeichnet (X, y) eine Stichprobe, wobei X ein Satz von Merkmalen (Features) ist und y die Zielgröße darstellt.

Merkmale (Features) können aus Attributen abgeleitet werden. Attribute werden auch als unabhängige Variablen bezeichnet, Zielgrößen entsprechend als abhängige Variablen. Bei Klassifikationsproblemen ist die Zielgröße eine Klassenbezeichnung, bei Regressionsproblemen der Vorhersagewert. Oft wird y nicht nur durch X bestimmt, sondern auch durch eine Reihe unbekannter zugrunde liegender Bedingungen. Dies führt zur Definition des Konzepts:

Definition 1.4 (Konzept)
Ein Konzept ist eine Beziehung zwischen X und y unter Berücksichtigung einer Reihe unbekannter Rahmenbedingungen (einem Kontext K).

Definition 1.5 (Feature Drift)
Feature Drift beschreibt eine Veränderung der unabhängigen Variablen X.

Ein regulatorischer Eingriff ist ein Beispiel für Feature Drift: Durch neue Gesetze kann sich das Verbraucherverhalten verändern (Auffarth 2021; Castle et al. 2021).

Definition 1.6 (Label Drift)
Label Drift ist eine Änderung der Zielgröße y.

Der Anstieg des durchschnittlichen Warenwerts im Einzelhandel sei hier als Beispiel für Label Drift genannt.

Definition 1.7 (Konzeptdrift)
Bei der Konzeptdrift ändert sich das Konzept, d. h. die Beziehung zwischen den unabhängigen Variablen X und der Zielvariablen y.

ML-Modelle können die zugrunde liegenden Bedingungen, die ein Konzept bestimmen, nicht beobachten und müssen daher eine Annahme treffen, welche Beziehung für jede Stichprobe gilt. Dies ist schwierig, wenn sich die Bedingungen ändern, was zu einer Änderung des Konzepts führt, die als Konzeptdrift bezeichnet wird. Der synthetisch generierte Friedman-Drift-Datensatz stellt ein anschauliches Beispiel für Konzeptdrift dar.

Definition 1.8 (Der Friedman-Drift-Datensatz)
Jede Beobachtung des Friedman-Drift-Datensatzes besteht aus zehn Merkmalen. Jeder Merkmalswert wird gleichverteilt aus dem Intervall [0, 1] gezogen. Nur die ersten sechs Merkmale, x_0 bis x_5, sind relevant. Die abhängige Variable wird durch zwei Funktionen definiert, die davon abhängen, ob Drift vorliegt:

$$f(x) = \begin{cases} 10\sin(\pi x_0 x_1) + 20(x_2 - 0.5)^2 + 10x_3 + 5x_4, \text{ falls keine Drift,} \\ 10\sin(\pi x_3 x_5) + 20(x_1 - 0.5)^2 + 10x_0 + 5x_1, \text{ falls Drift.} \end{cases}$$

Man beachte den Wechsel der aktiven Variablen, z. B. von x_0 zu x_3, wodurch die Veränderung des Konzepts umgesetzt wird.

Der synthetisch erzeugte Friedman-Drift-Datensatz wird in Abschn. 9.2 verwendet. Das Beispiel 1.2.2 illustriert, wie Konzeptdrift in der Praxis auftritt.

Konzeptdrift in der Praxis

Als Beispiel für eine Konzeptdrift kann die Vorhersage der Ozonwerte (y) an einem bestimmten Ort anhand von Sensordaten (X) dienen. Möglicherweise können wir y anhand von X vorhersagen, wobei die Beziehung abhängig von der Windrichtung (dem Kontext K) sein kann, die durch die Sensoren nicht erfasst wird. ◄

Ein einfaches Beispiel für Konzeptdrift

Das in Abb. 1.1 dargestellte Beispiel illustriert, wie eine einfache Konzeptdrift durch Kombination von drei Datensätzen entsteht[3]. ◄

---

[3] Das Beispiel basiert auf dem Abschnitt „Concept Drift" in der River-Dokumentation, siehe https://riverml.xyz/dev/introduction/getting-started/concept-drift-detection/.

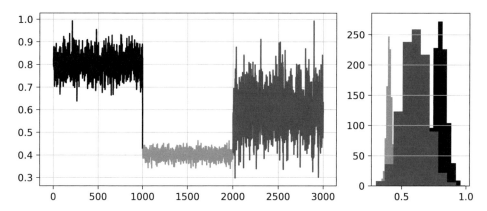

Abb. 1.1 Synthetisch erzeugte Drift, die durch Kombination von jeweils 1.000 Daten aus drei unterschiedlichen Verteilungen entsteht. Für die ersten 1.000 Daten wurde eine Normalverteilung mit Mittelwert $\mu_1 = 0.8$ und Standardabweichung $\sigma = 0.05$ verwendet. Die zweiten 1.000 Daten verwenden $\mu_1 = 0.4$ und $\sigma_1 = 0.02$ und die letzten 1.000 Daten verwenden $\mu_3 = 0.6$ und $\sigma_3 = 0.1$. Die linke Abbildung zeigt die Daten im Verlauf der Zeit, rechts sind Histogramme der drei Datensätze dargestellt

---

Abrupte und graduelle Konzeptdrift

Die Änderungen in Datenströmen oder Konzeptdriftmustern können entweder graduell oder abrupt sein. Abrupte Änderungen in Datenströmen oder abrupte Konzeptdrift bedeuten die plötzliche Änderung der Eigenschaften der Daten, wie z. B. eine Änderung des Mittelwerts, eine Änderung der Varianz usw. Es ist wichtig, diese Änderungen zu erkennen, da sie praktische Auswirkungen auf Anwendungen in der Qualitätskontrolle, der Systemüberwachung, der Fehlererkennung und auf weitere Bereiche haben.

Erfolgen die Änderungen in den Verteilungen der Daten in den Datenströmen langsam, aber über einen längeren Zeitraum, dann wird dies als allmähliche Konzeptdrift gezeichnet. Allmähliche Konzeptdrift ist relativ schwer zu erkennen. Abbildung 1.2 zeigt den Unterschied zwischen gradueller und abrupter Drift. ◄

Bei der rekurrenten (wiederkehrenden) Konzeptdrift treten bestimmte Merkmale älterer Datenströme nach einiger Zeit wieder auf.

Drift und nichtstationäres Verhalten

Bitte beachten Sie, dass der Begriff Drift häufig im weiteren Sinne für nichtstationäres Verhalten verwendet wird. Nichtstationäres Verhalten tritt u. a. bei der Einführung neuer Produkte, bei Hackerangriffen, durch Ferienzeiten, bei veränderten Wet-

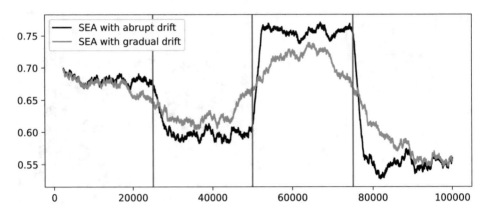

Abb. 1.2 Graduelle und abrupte Konzeptdrift. Die Daten wurden synthetisch erzeugt. Dafür wurde der in Abschn. 5.4.2 beschriebene SEA-Driftgenerator verwendet. Konzeptänderungen, die nach 25.000, 50.000 und 75.000 Schritten auftreten, sind durch rote, vertikale Linien gekennzeichnet

terbedingungen, bei der Änderung der wirtschaftlichen Rahmenbedingungen oder bei schlecht kalibrierten oder neuen Sensoren auf.

Im Bereich BML kann die Driftbehandlung bedarfsorientiert oder regelmäßig erfolgen: Modelle für ML können regelmäßig, d. h. zu vorgegebenen Zeitpunkten (wöchentlich) oder nach festgelegten Kriterien (ereignisbasiert, z. B. beim Eintreffen neuer Daten), neu trainiert werden, um Leistungseinbußen zu vermeiden[4]. Alternativ kann das Training bedarfsorientiert, d. h. entweder basierend auf der Leistungsüberwachung der Modelle oder basierend auf Methoden zur Erkennung von Änderungen, ausgelöst werden.

1.2.3 Neue, unbekannte Daten

Ein weiteres Problem für BML ist, dass aus neuen Daten, die unbekannte Attribute enthalten, nicht einfach gelernt werden kann. Wenn unbekannte Attribute in den Daten auftreten, muss das Modell von Grund auf mit einem neuen Datensatz lernen, der sich aus den alten Daten und den neuen Daten zusammensetzt. Dies ist besonders schwierig in einer Situation, in der möglicherweise jede Woche, jeden Tag, jede Stunde, jede Minute oder sogar bei jeder Messung Daten mit neuen Attributen auftreten.

---

[4] Dieser Ansatz wird im Rahmen des „Mini-Batch Machine Learning" umgesetzt, siehe Definition 1.11.

Wenn beispielsweise ein Empfehlungsdienst (engl. „Recommender System") für eine E-Commerce-App erstellt werden soll, dann muss das Modell wahrscheinlich jede Woche von Grund auf neu trainiert werden. Mit zunehmender Popularität des Empfehlungs-dienstes wächst auch der Datensatz, mit dem das Modell trainiert wird. Dies führt zu immer längeren Trainingszeiten und erfordert möglicherweise zusätzliche Hardware. ◄

1.2.4   Zugänglichkeit und Verfügbarkeit der Daten

Beim Trainieren von ML-Modellen werden aus den Attributen der Daten sogenannte „Fea-tures" (Merkmale) generiert. Die Featuregenerierung kann die Leistung der ML verbessern, indem sie neue Merkmale erzeugt, die besser mit der Zielgröße korrelieren und daher leichter zu lernen sind.

Definition 1.9 (Featuregenerierung)
Die Featuregenerierung (oder auch Merkmalsgenerierung) beschreibt den Prozess der Erstel-lung neuer Merkmale aus einem oder mehreren Attributen des Datensatzes.

Featuregenerierung

Die Featuregenerierung kann durch die Transformation eines Attributs in ein neues Fea-ture mit Hilfe einer mathematischen Funktion wie z. B. der logarithmischen Transforma-tion umgesetzt werden. Ein neues Feature kann auch durch die Berechnung der Abstände mehrerer Attribute (Differenzbildung) gebildet werden. ◄

Bei praktischen Anwendungen sind manche Attribute nach einiger Zeit nicht mehr verfügbar, z. B., weil sie überschrieben oder einfach gelöscht wurden. Somit können Features, die vor Kurzem noch vorhanden waren, zum aktuellen Zeitpunkt nicht mehr verfügbar sein. Allgemein ist die Bereitstellung aller Daten zur gleichen Zeit und am gleichen Ort nicht immer möglich (Auffarth 2021).
Tabelle 1.1 stellt die Probleme und Lösungen für BML zusammen.

1.2.5   Weitere Probleme

Des Weiteren ist die häufig getroffene ML-Annahme, dass die Daten unabhängig und gleich-verteilt (IID) sind (Stationarität), für die meisten Streamingdaten falsch, da Attribute und Label häufig korreliert sind. Zum Beispiel gilt für Systeme zur Erkennung von Angriffen, die gegen ein Computersystem oder Rechnernetz gerichtet sind, den sogenannten Angriffser-

Tab. 1.1 Probleme und Lösungen für BML für Streamingdaten

Problem	BML-Lösung	Nachteile der Lösung
Speicherbedarf	Optimierung der Datentypen, Mini-Batch-Lernen, vereinfachte Modelle	Leistungsabfall, geringere Genauigkeit
Drift	Erneutes Training	Hoher Aufwand
Neue, unbekannte Daten	Erneutes Training	Hoher Aufwand
Zugänglichkeit, Verfügbarkeit der Daten	Keine allgemeine Lösung verfügbar	

kennungssystemen (engl. „Intrusion Detection Systems"), dass über einen langen Zeitraum nur das Label „no-intrusion" auftritt.

Ferner treffen die meisten Annahmen, die im Bereich der Zeitreihenanalyse getroffen werden, auf Streamingdaten nicht zu. Dies bezieht sich insbesondere auf zeitliche Korrelationen, die zur Dekomposition von Zeitreihen (Trend, Saisonalität und Restkomponente) verwendet werden. Die Dekomposition lässt sich nicht auf Streamingdaten anwenden, da diese nur wenig Struktur besitzen und abrupte Änderungen auftreten können.

1.3   Inkrementelles Lernen, Online-Lernen und Stream-Lernen

Die in Abschn. 1.2 beschriebenen Herausforderungen beim Verarbeiten von Datenströmen führten zur Entwicklung einer Klasse von Methoden, die als inkrementelle oder Online-Lernmethoden bekannt sind und deren Entwicklung in den letzten Jahren stark vorangetrieben wurde (Losing et al. 2018; Bifet et al. 2018). Insbesondere die Entwicklung des Frameworks „river"[5] hat dazu beigetragen, dass das inkrementelle Lernen in den letzten Jahren an Popularität gewonnen hat (Montiel et al. 2021).

Der Sinn des inkrementellen Lernens besteht darin, ein ML-Modell an einen Datenstrom anzupassen. Dabei sind die Daten nicht vollständig verfügbar, sondern die Beobachtungen werden einzeln bereitgestellt.

Da der Begriff „Online-Lernen" häufig im Kontext der Bildungsforschung verwendet wird, verwenden wir im Folgenden den Begriff „Online Machine Learning", kurz: OML. Ebenfalls gebräuchlich sind die Begriffe „inkrementelles Lernen" und „Stream-Lernen". Für die herkömmliche ML-Vorgehensweise wird die in Definition 1.3 eingeführte Bezeichnung „Batch Machine Learning" verwendet.

---

[5] https://riverml.xyz/

Definition 1.10 (OML: Online Machine Learning)
Maschinelles Lernen, das einzelne Instanzen zum Erstellen und zur Aktualisierung des Modells verwendet. Instanzen können nur einmal verwendet werden. Es stehen nur relativ wenig Zeit (Echtzeitfähigkeit) und relativ wenig Speicher zur Verfügung.

Bei der Erstellung dieses Buchs wurde deutlich, dass die Definition einer weiteren Klasse sinnvoll ist:

Definition 1.11 (Mini-BML: Mini-Batch Machine Learning)
Maschinelles Lernen, das Teilmengen, sogenannte Mini-Batches, des gesamten Datensatzes (Trainingsdaten) zum wiederholten Erstellen des Modells verwendet. Mini-Batches werden i. d. R. nur einmal verwendet. Es stehen relativ wenig Zeit und relativ wenig Speicher zur Verfügung.

Aus den in diesem Abschnitt beschriebenen Anforderungen lassen sich die Axiome für das Stream-Lernen ableiten.

Definition 1.12 (Axiome für das Stream-Lernen)
In der Literatur, z. B. in Bifet et al. (2018), werden die folgenden fünf Axiome verwendet:

1. Jede Instanz kann nur einmal verwendet werden.
2. Die Bearbeitungszeit ist stark eingeschränkt.
3. Der Speicher ist begrenzt.
4. Der Algorithmus muss jederzeit ein Ergebnis liefern können[6].
5. Es wird angenommen, dass Datenströme sich im Laufe der Zeit verändern, d. h., die Datenquellen sind nicht stationär.

Korstanje (2022) unterscheidet zudem zwischen „incremental learning" und „adaptive learning". Inkrementelle Lernmethoden sind Modelle, die jeweils mit einer einzigen Beobachtung aktualisiert werden können. Adaptives Lernen wird wie folgt definiert:

Definition 1.13 (Adaptives Lernen)
Adaptive Methoden passen das Modell an neue Situationen an. Neue Trends, die in den zugrunde liegenden Daten auftreten, werden berücksichtigt.

Wir verstehen unter OML inkrementelle und zugleich adaptive Lernverfahren, die Methoden zur Behandlung der in Definition 1.12 dargestellten Axiome für das Stream-Lernen bereitstellen.

---

[6] „anytime property".

1.4   Überführung des Batch Machine Learning in das Online Machine Learning

Ein inkrementeller Lernalgorithmus kann durch die Verwendung eines Batch-Lerners mit einem gleitenden Fenster angenähert werden. In diesem Fall wird das Modell jedes Mal neu trainiert, wenn ein neues Fenster (mit Datenpunkten) ankommt. Ein beliebiger Batch-Lerner, z. B. lineare Regression, kann mit einem gleitenden Fenster auf einen Datenstrom angewendet werden, um einen inkrementellen Lernalgorithmus zu approximieren. Als Beispiele können die Mini-Batch-Gradientenabstiegsmethode und die stochastische Gradientenabstiegsmethode, engl. Stochastic Gradient Descent (SGD), genannt werden.

Stochastischer Gradientenabstieg

Die Gradientenabstiegsmethode[7] ist eine beliebte Batch-Methode, um das Minimum einer Funktion (der sogenannten Kosten- oder auch Zielfunktion) zu finden. Bei großen Datensätzen dauert eine einzige Aktualisierung der Parameter lange, weil dafür der gesamte Trainingsdatensatz verwendet wird.

Die SGD-Methode ist ein iteratives Optimierungsverfahren und kann als stochastische Näherung des Gradientenabstiegsverfahrens angesehen werden. Der Gradient, der im Gradientenabstiegsverfahren aus dem gesamten Datensatz berechnet wird, wird durch eine Schätzung ersetzt, die nur eine zufällig ausgewählte Teilmenge des Datensatzes verwendet. Der SGD-Algorithmus ist ein Beispiel für einen OML-Algorithmus, der bei jeder Trainingsbeobachtung die Modellparameter aktualisiert. ◀

Beispiel: Stochastischer Gradientenabstieg
Das Jupyter-Notebook im GitHub-Repository
https://github.com/sn-code-inside/online-machine-learning erläutert den Unterschied zwischen dem klassischen und dem stochastischen Gradientenabstieg.

---

[7] Siehe Definition A.1 im Anhang.

Supervised Learning: Klassifikation und Regression

2

Thomas Bartz-Beielstein

Inhaltsverzeichnis

Zusammenfassung

Dieses Kapitel gibt eine Übersicht und Bewertung von Online Machine Learning (OML)-Verfahren und -Algorithmen und legt speziellen Fokus auf das überwachte Lernen (engl. „supervised learning"). Zunächst werden Verfahren aus den Bereichen Klassifikation (Abschn. 2.1) und Regression (Abschn. 2.2) dargestellt. Anschließend werden in Abschn. 2.3 Ensemble-Verfahren beschrieben. Clustering-Verfahren werden in Abschn. 2.4 kurz erwähnt. Eine Übersicht ist in Abschn. 2.5 zu finden.

T. Bartz-Beielstein (✉)
Institute for Data Science, Engineering, and Analytics, TH Köln, Gummersbach, Deutschland
E-Mail: thomas.bartz-beielstein@th-koeln.de

© Der/die Autor(en), exklusiv lizenziert an Springer Fachmedien Wiesbaden GmbH, ein Teil von Springer Nature 2024
T. Bartz-Beielstein und E. Bartz (Hrsg.), *Online Machine Learning,*
https://doi.org/10.1007/978-3-658-42505-0_2

2.1   Klassifikation

2.1.1   Baselinealgorithmen

Im Bereich der OML-Klassifikation gibt es sogenannte „Baselinealgorithmen", die hier kurz vorgestellt werden, da sie als Bausteine für komplexere OML-Verfahren dienen.

Der *Majority-Class*-Klassifikator zählt die Vorkommnisse der einzelnen Klassen und wählt für neue Instanzen die Klasse mit der größten Häufigkeit. Der *No-Change*-Klassifikator wählt die letzte Klasse aus dem Datenstrom. Bei dem *Lazy-Klassifikator* handelt es sich um einen Klassifikator, der einige der bereits beobachteten Instanzen und ihre Klassen speichert. Eine neue Instanz wird in die Klasse der nächstgelegenen, bereits beobachteten Instanz eingeordnet.

Beispiel: *k*-NN-Klassifikator

Beispiele für Lazy-Klassifikatoren sind k-Nearest-Neighbor-Algorithmen (k-NN-Algorithmen). Bei k-NN wird die Klassenzugehörigkeit auf der Grundlage einer Mehrheitsentscheidung vorgenommen: Es wird die Klasse gewählt, die in der Nachbarschaft des zu klassifizierenden Datenpunkts am häufigsten vorkommt. k-NN ist ein „Lazy-Klassifikator", weil kein Trainingsprozess durchlaufen wird. Es wird nur der Trainingsdatensatz gespeichert. Das Lernen erfolgt erst dann, wenn eine Klassifizierung vorgenommen wird. ◄

2.1.2   Der naive Bayes-Klassifikator

Der auf dem Satz von Bayes[1] basierende *naive Bayes-Klassifikator* berechnet die Wahrscheinlichkeiten der einzelnen Klassen anhand der Attribute und selektiert dann die Klasse mit der höchsten Wahrscheinlichkeit. Da der Bayes-Klassifikator ein einfaches und kostengünstiges inkrementelles Verfahren darstellt, wird er kurz vorgestellt. Zudem spielen seine Elemente eine wichtige Rolle bei der Erstellung von Hoeffding-Bäumen, die in Abschn. 2.1.3.1 vorgestellt werden.

---

[1] Siehe Satz A.1 im Anhang.

Tab. 2.1 Gelabelte Beobachtungen A, die als Trainingsdaten verwendet werden

y	x_1	x_2	x_3	x_4
1	0	1	0	1
0	1	0	0	0
1	1	1	1	1
0	1	0	0	1

Naiver Bayes-Klassifikator

Wir setzen voraus, dass es k diskrete Attribute $x_1, x_2, \ldots, x_k$ und n_c unterschiedliche Klassen gibt. Im Folgenden bezeichnet v_j den Wert eines Attributs und c die Klasse, zu der eine Beobachtung gehört. Die Informationen aus den Trainingsdaten werden in einer Tabelle zusammengefasst, die für jedes Tripel (x_i, v_j, c) einen Zähler $n_{i,j,c}$ speichert.

Liegen beispielsweise die in Tab. 2.1 dargestellten Beobachtungen vor und trifft eine neue Beobachtung B mit den Werten

$$(x_1 = 1, x_2 = 1, x_3 = 1, x_4 = 0)$$

ein, deren Klassenzugehörigkeit bestimmt werden soll, dann werden mit Hilfe des Satzes von Bayes die beiden Wahrscheinlichkeiten

$$P(Y = 0|B) \simeq P(Y = 0)P(B|Y = 0)$$
$$P(Y = 1|B) \simeq P(Y = 1)P(B|Y = 1)$$

berechnet. Für die beiden Klassen „0" und „1" erhalten wir Tab. 2.2, die Tabelle der absoluten Häufigkeiten. Dabei wird die Laplace-Korrektur angewendet, um auch die Häufigkeiten für die Klassen zu berechnen, die in den Trainingsdaten nicht vorkommen. Die Laplace-Korrektur ergibt sich aus $n_{i,j,c} + 1$, d. h., die Häufigkeit für jede Klasse c erhöht sich um 1.

Nach Anwendung der Laplace-Korrektur erhalten wir die in Tab. 2.3 dargestellten Werte, mit deren Hilfe wir die Wahrscheinlichkeiten für $P(B|Y = 0)$ bzw. $P(B|Y = 1)$ berechnen. Es gilt:

$$P(B|Y = 0) = P(x_1 = 1, x_2 = 1, x_3 = 1, x_4 = 0|Y = 0)$$
$$= 1/2 \times 1/4 \times 1/4 \times 1/2 = 1/64$$

und somit $P(Y = 0|B) = 1/2 \times 1/64 = 1/128$. Im Vergleich dazu ergibt

Tab. 2.2 Absolute Häufigkeiten ohne Laplace-Korrektur

(a) Häufigkeiten für $Y = 0$

y	x_1	x_2	x_3	x_4
0	1	2	2	1
1	1	0	0	1

(b) Häufigkeiten für $Y = 1$

y	x_1	x_2	x_3	x_4
0	1	0	1	0
1	1	2	1	2

Tab. 2.3 Absolute Häufigkeiten nach Laplace-Korrektur

(a) Häufigkeiten für $Y = 0$

y	x_1	x_2	x_3	x_4
0	2	3	3	2
1	2	1	1	2

(b) Häufigkeiten für $Y = 1$

y	x_1	x_2	x_3	x_4
0	2	1	2	1
1	2	3	2	3

$$P(B|Y = 1) = P(x_1 = 1, x_2 = 1, x_3 = 1, x_4 = 0|Y = 1)$$
$$= 1/2 \times 3/4 \times 1/2 \times 1/4 = 3/64$$

und somit $P(Y = 1|B) = 1/2 \times 3/64 = 3/128$. Da $P(Y = 1|B) > P(Y = 0|B)$ ist, wählt der naive Bayes-Klassifikator die Klasse „1" für die neue Beobachtung B aus.

Die in Tab. 2.2 dargestellten Tabelleneinträge spielen im Folgenden als Statistiken in Bäumen eine wichtige Rolle, siehe Definition 2.1. Sie können als Tripel (x_i, v_j, c) mit Werten $n_{i,j,c}$ dargestellt werden. Für den ersten Eintrag $(x_i = 1, v_j = 0, c = 0)$ in Tab. 2.2b erhalten wir $n_{1,0,0} = 1$. Für den letzten Eintrag $(x_i = 4, v_j = 1, c = 1)$ in Tab. 2.2b erhalten wir $n_{4,1,1} = 2$.

Prominent vertreten sind im Bereich der OML-Klassifikation baumbasierte Verfahren (sogenannte „Trees"), wie beispielsweise Hoeffding Trees (HTs) und Hoeffding Adaptive Trees (HATs). Neben den in Abschn. 2.1.3 dargestellten baumbasierten Verfahren stellen wir auch spezifischere Verfahren wie Support Vector Machines (SVMs) und Passive-Aggressive (PA) in Abschn. 2.1.4 vor.

2.1.3 Baumbasierte Verfahren

Eine Herausforderung bei der Verarbeitung von Datenströmen sind die hohen Speicheranforderungen. Es ist unmöglich, alle Daten zu speichern. Da Bäume eine kompakte Darstellung

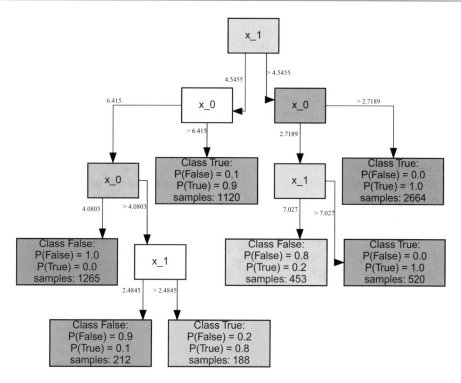

Abb. 2.1 Baum. Klassifikation der SEA-Daten. Die Wurzel des Baums ist ein Knoten, in dem der erste Test der Attribute x_0 und x_1 stattfindet. Es wird getestet, ob x_1 größer oder kleiner als 4.5455 ist. Die Zweige repräsentieren die Ergebnisse des Tests. Sie führen zu weiteren Knoten, bis die Endknoten oder Blätter erreicht sind. Die Blätter sind die Vorhersagen für die Klassen $Y = 0$ und $Y = 1$. Die Farbskala symbolisiert die relativen Klassenhäufigkeiten in den Knoten: von dunkelblau für mit hoher Wahrscheinlichkeit „falsch" über hellblau und hellorange bis hin zu dunkelorange für mit hoher Wahrscheinlichkeit „wahr"

erlauben, sind sie im Bereich des OMLs beliebte Verfahren. Abbildung 2.1 zeigt einen Beispielbaum für die Klassifikation des SEA-Datensatzes, engl. „SEA synthetic dataset (SEA)".

Bäume haben die folgenden Elemente:

1. Knoten: Testen eines Attributs
2. Zweig: Ergebnis des Tests
3. Blatt oder Endknoten: Vorhersage (einer Klasse bei Klassifikation)

Wir stellen in diesem Abschnitt zwei wichtige Repräsentanten für baumbasierte OML-Verfahren vor: HTs, die auch als Very Fast Decision Trees (VFDTs) bezeichnet werden, in Abschn. 2.1.3.1 und Extremely Fast Decision Tree Classifier in Abschn. 2.1.3.2.

2.1.3.1 Hoeffding-Bäume

Ein Batch Machine Learning (BML)-Baum verwendet Instanzen mehrfach, um die besten Teilungsattribute („Splits") zu berechnen. Daher ist die Verwendung von BML-Entscheidungsbaummethoden wie Classification And Regression Tree (CART) (Breiman et al. 1984) in einem Streamingdatenkontext nicht möglich. Hoeffding-Bäume sind das OML-Pendant zu den BML-Bäumen (P. M. Domingos und Hulten 2000). Sie verwenden die Instanzen allerdings nicht mehrmals, sondern arbeiten direkt auf den eintreffenden Instanzen. Sie erfüllen somit das erste Axiom für das Stream-Lernen (Definition 1.12).

Hoeffding-Bäume sind als inkrementelle Entscheidungsbaum-Lerner besser für das OML geeignet. Sie basieren auf der Überlegung, dass eine kleine Stichprobe oft ausreicht, um ein optimales Aufteilungsattribut auszuwählen. Diese Überlegung wird durch das als Hoeffding-Schranke bekannte statistische Ergebnis unterstützt, siehe Satz A.2 im Anhang. Dieses Ergebnis kann vereinfacht, wie in Beispiel 2.1.3.1 dargestellt wird, verdeutlicht werden:

Beispiel: Urne

In einer Urne befindet sich eine sehr große Anzahl von roten und schwarzen Kugeln. Wir möchten die Frage beantworten, ob die Urne mehr schwarze oder mehr rote Kugeln enthält. Dazu ziehen wir eine Kugel aus der Urne und beobachten ihre Farbe, wobei der Vorgang beliebig oft wiederholt werden kann.

Nachdem der Vorgang zehnmal durchgeführt wurde, haben wir vier rote und sechs schwarze Kugeln erhalten, nach einhundert Versuchen 47 rote und 53 schwarze Kugeln, nach tausend Versuchen 501 rote und 499 schwarze Kugeln. Wir können nun (mit einer geringen Unsicherheit) sagen, dass die Urne gleich viele schwarze wie rote Kugeln enthält, ohne dass wir alle Kugeln ziehen müssen. Die Wahrscheinlichkeit, dass wir falsch liegen, ist sehr gering.

Die Hoeffding-Schranke hängt von der Anzahl der Beobachtungen und der zulässigen Unsicherheit ab. Diese Unsicherheit kann mit Hilfe einer Konfidenzschranke s zu Beginn festgelegt werden.

◄

Definition 2.1 Hoeffding-Baum (Hoeffding Tree, HT)
Der Hoeffding-Baum speichert in jedem Knoten die Statistik S, um eine Teilung durchzuführen. Für diskrete Attribute ist dies die gleiche Information, die auch von dem naiven Bayes-Prädiktor verwendet wird: Für jedes Tripel (x_i, v_j, c) wird eine Tabelle mit dem Zähler $n_{i,j,c}$ der Instanzen mit $x_i = v_j$ und für die Zählwerte $C = c$ verwaltet.

Der HT verwendet zwei Eingabeparameter, den Datenstrom D mit gelabelten Beispielen und eine Konfidenzschranke s. Der folgende Code zeigt eine algorithmische Beschreibung des HT-Algorithmus nach Bifet et al. (2018):

HOEFFDINGTREE(D, s)
1   **let** HT be a tree with a single leaf (root)
2   init counts $n_{i,j,c}$ at root
3   **for** each example (x, y) in D
4   **do** HTGROW $((x, y), HT, s)$

HTGROW$((x, y), HT, s)$
1   sort (x, y) to leaf l using HT
2   update counts $n_{i,j,c}$ at leaf l
3   **if** examples seen so far at l are not all of the same class
4   **then**
5   COMPUTE split gain G **for** each attribute
6   **if** G(best attribute) - G(second best)$> \sqrt{R^2 \ln(1/s)/(2n)}$
7   **then**
8   SPLIT leaf at best attribute
9   **for** each branch
10   **do** start new leaf and initialize counts

Hoeffding-Bäume verwenden die Hoeffding-Schranke (Satz A.2). Der Hoeffding-Baum konvergiert zu einem Baum, der von einem BML-Algorithmus erstellt wurde (Bifet et al. 2018). Streamingdaten können jedoch stark verrauscht sein. Dies kann sich auf die Leistung (in Bezug auf die Vorhersagegenauigkeit bzw. den Vorhersagefehler) auswirken. Zudem können sehr große Bäume generiert werden. Hoeffding-Bäume werden auch als VFDT bezeichnet (P. M. Domingos und Hulten 2000).

2.1.3.2 Extremely Fast Decision Tree Classifier

Der Hoeffding Anytime Tree funktioniert ähnlich wie ein Hoeffding-Baum. Der Unterschied liegt in der Art und Weise, wie ein Knoten geteilt wird. Der Hoeffding-Baum verzögert den Split eines Knotens, bis die beste Aufteilung identifiziert ist. Diese Entscheidung wird nicht erneut überprüft.

Im Gegensatz dazu teilt sich der Hoeffding Anytime Tree an einem Knoten auf, sobald eine nützliche Aufteilung vorliegt. Er überprüft die Entscheidung hinsichtlich der Verfügbarkeit einer besseren Aufteilung. Eine Instanziierung des Hoeffding Anytime Trees ist der Extremely Fast Decision Tree (EFDT) (Manapragada et al. 2018).

2.1.4   Weitere Klassifikationsverfahren

Die logistische Regression zählt zu den Standard-OML-Klassifikationsverfahren. Sie aktualisiert das Modell inkrementell, indem sie jedes Mal, wenn neue Daten eintreffen, einen Schritt in Richtung des Minimums der Kostenfunktion unternimmt.

Aus dem Bereich der SVM-Verfahren ist der Approximative Large-Margin-Algorithmus (ALMA)-Klassifikator zu nennen. Dieser stellt eine inkrementelle Implementierung von SVMs dar. Eine genaue Beschreibung ist in Gentile (2002) zu finden. Der ALMA-Klassifikator ist eine reguläre SVM zur (binären) Klassifikation. In Abschn. 6.3.2 werden wir eine SVM, die sogenannte Ein-Klassen-SVM (One-Class SVM), zur Anomalieerkennung vorstellen.

Der PA Klassifikator ist ein weiteres, bekanntes OML-Modell. Der Ausdruck „passiv-aggressiv" basiert auf der Überlegung, dass ein Algorithmus, der zu schnell von jedem neuen Datenpunkt lernt, als zu aggressiv angesehen wird (Crammer et al. 2006). Daher bleibt PA bei korrekter Klassifizierung passiv und aktualisiert das Modell nur, falls eine Fehlklassifikation auftritt (Ezukwoke und Zareian 2021).

Beispiel: Online SVM (ALMA)
Das Jupyter-Notebook im GitHub-Repository https://github.com/sn-code-inside/online -machine-learning zeigt, wie ein Online-SVM-Modell in Python implementiert wird und wie der laufende Fehler inkrementell berechnet werden kann.

2.2   Regression

2.2.1   Online Linear Regression

Batch-basierte Regressionsmodelle können für den Onlinefall adaptiert werden. Um ein lineares Online-Regressionsmodell zu implementieren, wird der Stochastic Gradient Descent (SGD) zur Aktualisierung der Koeffizienten verwendet, siehe Beispiel 1.4, da nicht alle Daten auf einmal verfügbar sind. SGD wird ebenfalls häufig verwendet, um neuronale Netze zu trainieren.

Beispiel: Online Linear Regression
Das Jupyter-Notebook im GitHub-Repository https://github.com/sn-code-inside/online -machine-learning zeigt, wie ein Online-Lineares-Regressionsmodell in Python implementiert wird und wie der laufende Fehler inkrementell berechnet werden kann.

2.2.2   Hoeffding Tree Regressor

Des Weiteren sind auch baumbasierte Verfahren für die OML-Regression populär. Der Hoeffding-Baum-Regressor ähnelt dem Hoeffding-Baum-Klassifikator. Er verwendet die

Hoeffding-Schranke, um Split-Entscheidungen zu treffen. Der Hoeffding-Baum-Regressor verwendet die Reduktion der Varianz im Zielraum, um über die aufgeteilten Kandidaten zu entscheiden. Er berechnet Vorhersagen, indem er ein lineares Perzeptronmodell anpasst oder den Stichprobendurchschnitt berechnet (Bifet et al. 2018).

2.3 Ensemble-Methoden für Online Machine Learning

Ensemble Learning kombiniert mehrere Modelle, um die Vorhersagegenauigkeit für Out-of-Sample-Daten zu verbessern. Typischerweise (obwohl nicht garantiert) schneidet ein Ensemble-Lerner besser ab als die eigenständigen Basismethoden. Ensemble-Lernen ist eine sehr beliebte Machine Learning (ML)-Technik sowohl für Regressions- als auch für Klassifizierungszwecke. Einige der bekannten Ensemble-Lerntechniken im BML-Kontext sind Bagging, Boosting und Stacking:

- „Bagging" (bootstrap aggregating) ist, vereinfacht beschrieben, eine Methode, die gleich-artige (homogene) schwache Lerner unabhängig voneinander parallel trainiert und diese in einem deterministischen Mittelungsprozess kombiniert.
- „Boosting" bezeichnet Verfahren zur deterministischen Kombination homogener schwa-che Lerner, die adaptiv sequenziell trainiert werden.
- „Stacking" beschreibt Verfahren, die heterogene schwache Lerner parallel trainieren und zu einem Metamodell kombinieren.

Diese Ensemble-Verfahren sind im OML ebenfalls häufig anzutreffen. Im Bereich Bagging sind Oza Bag und Oza Bag Adwin zu nennen (Oza und Russell 2001). Random-Forest-Verfahren, die als eine Modifikation der Bagging-Verfahren verstanden werden können, sind ebenfalls vorhanden, z. B. als AdaptiveRandomForest. Im Bereich „Boosting" ist OzaBoost zu nennen. Stacking wird im OML ebenfalls verwendet. Zudem existiert eine Vielzahl weite-rer Ensemble-Verfahren wie StreamingRandomPatches, VotingClassifier, PAClassifier und KNNClassifier. In Abschn. 8.2 wird eine Übersicht und Beschreibung verfügbarer Softwa-repakete sowie deren Umfang dargestellt.

2.4 Clustering

Für den Anwendungsfall „Clustering" steht für das OML eine Vielzahl von Verfahren zur Verfügung. Im Paket `river` werden sechs unterschiedliche Clustering-Verfahren bereitge-stellt:

DBSTREAM, CluStream, StreamKM++, ClusTree, DenStream und CobWeb. Eine detaillierte Beschreibung ist auf den Seiten des Pakets river zu finden[2].

---

[2] https://riverml.xyz/dev/api/cluster

2.5   Übersicht: Online Machine Learning-Verfahren

Tabelle 2.4 gibt eine Übersicht der in diesem Buch behandelten OML-Verfahren im Bereich der Klassifikation und Regression. In Abschn. 8.2 wird ergänzend eine Übersicht und Beschreibung verfügbarer Softwarepakete sowie deren Umfang dargestellt.

Tab. 2.4 Übersicht OML-Verfahren

Verfahren	Akronym	Task	Bemerkungen
Majority Class		Klassifikation	Baselinealgorithmus
No Change		Klassifikation	Baselinealgorithmus
Lazy Classifier		Klassifikation	Baselinealgorithmus, Beispiel: k-NN
Naive Bayes	NB	Klassifikation	Baselinealgorithmus
Hoeffding Tree Classification/Very Fast Decision Tree	HT, HTC/VFDT	Klassifikation	
Extremely Fast Decision Tree Classifier	EFDT	Klassifikation	Instanziierung des Hoeffding Anytime Tree
Approximativer Large-Margin-Algorithmus	ALMA	Klassifikation	Online-SVM
Passiv-Aggressiv	PA	Klassifikation	
Logistische Regression		Klassifikation	
Online Linear Regression		Regression	
Hoeffding Tree Regressor	HTR	Regression	Pendant von HTC für die Regression
Hoeffding Adaptive Tree Regressor	HATR	Regression	Erweiterung von HTR durch Drifterkennung mittels ADWIN (Abschn. 3.3.3)
Adaptive Random Forest Classifier	ARF, ARFC	Klassifikation	Ermöglichen das Training von Hintergrundbäumen, die mit dem Training beginnen, wenn eine Warnung erkannt wird, und den aktiven Baum ersetzen, wenn die Warnung zu einer Abweichung wird
Adaptive Random Forest Regression	ARFR	Regression	Pendant von ARF für die Regression

Drifterkennung und -behandlung

3

Thomas Bartz-Beielstein

Inhaltsverzeichnis

T. Bartz-Beielstein (✉)
Institute for Data Science, Engineering, and Analytics, TH Köln, Gummersbach, Deutschland
E-mail: thomas.bartz-beielstein@th-koeln.de

© Der/die Autor(en), exklusiv lizenziert an Springer Fachmedien Wiesbaden GmbH, ein
Teil von Springer Nature 2024
T. Bartz-Beielstein und E. Bartz (Hrsg.), *Online Machine Learning*,
https://doi.org/10.1007/978-3-658-42505-0_3

Zusammenfassung

Dieses Kapitel behandelt Methoden zur Drifterkennung und -behandlung, insbesondere
für Konzeptdrift. Für die in Kap. 2 dargestellten Algorithmen wird geklärt, inwiefern auf
Konzeptdrift reagiert wird. Abschnitt 3.1 beschreibt drei Architekturen für die Implementierung von Drifterkennungsalgorithmen. Abschnitt 3.2 beschreibt grundlegende Eigenschaften fensterbasierter Ansätze. Abschnitt 3.3 stellt häufig verwendete Verfahren zur
Drifterkennung vor. Abschnitt 3.4 beschreibt, wie die in Abschn. 3.3 eingeführten Verfahren zur Drifterkennung in OML-Algorithmen zum Einsatz kommen und stellt die im
Paket river implementierten baumbasierten OML-Verfahren zusammenfassend dar.

3.1   Architekturen für Driftbehandlungsmethoden

Bifet et al. (2018) unterschieden drei Architekturen für Drifterkennungsmethoden: Adaptive
Schätzer, Change Detectors und ensemblebasierte Ansätze.

3.1.1   Adaptive Schätzer

Adaptive Schätzer basieren auf der Überlegung, dass viele Algorithmen intern Statistiken
aus dem Datenstrom berechnen und aus deren Kombination dann das Modell bauen. Diese
Statistiken können absolute oder relative Werte, Wahrscheinlichkeiten, Korrelationen zwischen Attributen oder Häufigkeiten bestimmter Muster sein. Als ein wichtiges Beispiel
ist der in Abschn. 2.1.2 beschriebene naive Bayes-Klassifikator zu nennen, der das Vorkommen von Attributwerten zählt. Der Perceptron-Algorithmus, der die internen Gewichte
aktualisiert und dabei die Übereinstimmung zwischen Attributen und dem zu erwartenden
Ergebnis vorhersagt, zählt ebenfalls zu dieser Kategorie. Abbildung 3.1 veranschaulicht
diesen Ansatz.

Abb. 3.1 Methoden zur
Drifterkennung: Adaptive
Schätzer (Bifet et al. 2018).
Die Eingangsdaten D werden
von dem Algorithmus m, der
das Modell erstellt, und von
den Schätzern $S_1, S_2, \ldots S_n$
verwendet. Die Schätzer
berechnen interne Statistiken,
die für die Erstellung des
Modells verwendet werden.
Die Ausgaben des Modells
werden mit D' bezeichnet

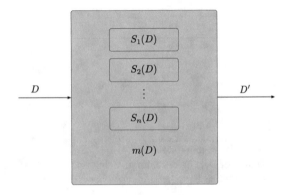

Abb. 3.2 Methoden zur
Drifterkennung: Neben dem
Algorithmus m, der das Modell
erstellt, kommt ein externer
Change Detector c zum Einsatz
(Bifet et al. 2018)

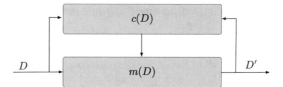

3.1.2 Change Detectors

Change Detectors verwenden zusätzlich und parallel zum eigentlichen Algorithmus einen oder mehrere Änderungserkennungsalgorithmen. Wird eine signifikante Änderung im Datenstrom oder ein Abfallen der Güte des Algorithmus beobachtet, dann lösen sie eine Modifikation der Algorithmeneinstellungen aus. Die Modifikationen hängen davon ab, ob eine abrupte Änderung aufgetreten ist (so dass z. B. ein neues Modell gebaut werden muss) oder eine schrittweise Änderung beobachtet wurde (so dass das Modell neu kalibriert werden muss). Abbildung 3.2 veranschaulicht die entsprechende Architektur.

3.1.3 Ensemblebasierte Ansätze

Zur Drifterkennung kommen auch ensemblebasierte Ansätze zum Einsatz. So trainieren Oliveira et al. (2017) gleichzeitig mehrere Modelle, um Drifterkennung zu ermöglichen. Wenn die Modelle über ein bestimmtes Konfidenzintervall hinaus divergieren, wird ein erneutes Training der Modelle ausgelöst. Diese Vorgehensweise verwendet vollständige Modelle, die im Prinzip unabhängig voneinander existieren können. Eine Architektur für ensemblebasierte Ansätze zur Drifterkennung ist in Abb. 3.3 dargestellt. Bei den baumbasierten Verfahren, die im Folgenden beschrieben werden (siehe Abschn. 3.4.1) werden lediglich unvollständige Teilmodelle gebildet. Diese werden auf eine geschickte Art und Weise aktiviert oder archiviert, können aber nicht unabhängig von dem Gesamtmodell existieren.

Abb. 3.3 Methoden zur
Drifterkennung:
Ensemblebasierte Ansätze
trainieren mehrere Modelle
$M_1, M_2, \ldots, M_n$ gleichzeitig
(Bifet et al. 2018). Ein
Ensemble-Manager E
koordiniert die
unterschiedlichen Modelle

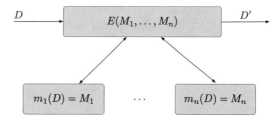

3.2   Grundlegende Überlegungen zu Fenstertechniken

Fensterbasierte Verfahren sind nicht nur für die Drifterkennung und -behandlung, sondern auch für die in Kap. 5 beschriebenen Evaluationsverfahren von Bedeutung. Daher stellen wir in diesem Abschnitt grundlegende Eigenschaften fensterbasierter Verfahren vor.

Fensterbasierte Verfahren sind inkrementelle Verfahren, die die Daten in zeitliche Abschnitte unterteilen. Sie verwenden ein Fenster W der Größe w, das die Daten speichert. Das Fenster kann als Momentaufnahme der Daten definiert werden. Dies kann entweder beobachtungszählungsbasiert oder zeitbasiert erfolgen. Ein Batch Machine Learning (BML)-Verfahren kann durch Verwendung einer Fenstertechnik in ein inkrementelles Verfahren umgewandelt werden. Bekannte Fenstertechniken sind das Sliding Window Model, das Damped Window Model und das Landmark Window Model.

Definition 3.1 (Landmark-Fenstermodell)
Ältere Datenpunkte werden nicht verworfen. Alle Datenpunkte werden im Fenster akkumuliert. Die Fenstergröße nimmt zu, wenn mehr Datenpunkte eintreffen. Diese Fenstertechnik erfordert große Speicherressourcen, insbesondere wenn es um große Datenströme geht.

Definition 3.2 (Gleitendes Fenstermodell)
Dies ist eine beliebte Methode, um ältere Datenpunkte zu verwerfen und nur die neueren Datenpunkte für die Analyse zu berücksichtigen.

Definition 3.3 (Gedämpftes Fenstermodell)
Die Datenpunkte werden gewichtet. Aktuellen Datenpunkten wird höheres Gewicht beigemessen. Eine exponentielle Fading-Strategie wird verwendet, um alte Daten zu verwerfen. Es wird eine Alterungsfunktion verwendet.

Die aktuellen Datenpunkte erhalten bei den gleitenden und gedämpften Fenstermodellen eine größere Wichtigkeit, ältere Datenpunkte werden periodisch verworfen. Die Fenstergröße w ist ein wichtiger Parameter. Die Performanz des Testverfahrens hängt von der Fenstergröße ab (Bifet et al. 2018):

- Ist w zu groß, werden Vorhersagen genauer, wenn es keine Änderungen gibt. Treten Änderungen auf, werden diese zu spät erkannt.
- Ist w zu klein, werden Muster nicht erkannt, die von dem Modell (Lerner) benötigt werden. Zudem muss das Modell zu oft trainiert werden. Allerdings ermöglichen kleine w-Werte eine schnelle Reaktion auf Änderungen.

3.3   Populäre Verfahren zur Drifterkennung

Die in diesem Abschnitt beschriebenen Verfahren zur Drifterkennung sind nicht spezifisch für Online Machine Learning (OML). Sie kommen auch im BML-Umfeld zum Einsatz. Spezielle Implementierungen für OML-Algorithmen werden in Abschn. 3.4 vorgestellt.

Die Verfahren zur Drifterkennung werden in zwei Kategorien eingeteilt: explizite und implizite Verfahren (Singh Sethi und Kantardzic 2017). Die expliziten Verfahren werden auch als überwachte Verfahren bezeichnet, da sie auf gelabelten Daten basieren. Die impliziten Verfahren werden auch als unüberwachte Verfahren bezeichnet, da sie keine gelabelten Daten benötigen. Wir beschränken uns zunächst auf die expliziten Verfahren, da diese am häufigsten verwendet werden. Implizite Verfahren werden in Abschn. 3.3.4 beschrieben.

Definition 3.4 (Explizite Drifterkennungsverfahren)
Explizite Drifterkennungsverfahren verlassen sich auf gelabelte Daten, um Leistungsmetriken wie Accuracy zu berechnen, die sie im Laufe der Zeit online überwachen können. Sie erkennen einen Leistungsabfall und signalisieren daher effizient Veränderungen.

3.3.1   Statistische Tests zur Drifterkennung und Change Detection

Statistische Tests verwenden zwei Datenquellen, um eine Änderung zu erkennen. Sie basieren auf der Hypothese H_0: „Die Daten aus beiden Datenquellen besitzen die gleiche Verteilung“. Hypothesentests können auf unterschiedliche Weise implementiert werden, z. B. mit Hilfe eines Referenzfensters W_0, das nicht verändert wird und eines gleitenden Fensters, W_1, das um eine Einheit pro Zeitschritt bewegt wird. Wird eine Änderung erkannt, dann wird W_1 zu W_0 und ein neues gleitendes Fenster W_1 wird mit Hilfe der folgenden Elemente erzeugt.

3.3.2   Kontrollkarten (Drift Detection Method)

Zum Einsatz für die Drifterkennung kommen auch Kontrollkarten (Montgomery 2008), die statistische Tests zur Erkennung von Änderungen implementieren. Als Beispiel sei die Drift Detection Method (DDM) genannt (João Gama et al. 2004b). Das DDM-Verfahren überwacht die Fehlerrate des Algorithmus und kann mit BML- und OML-Algorithmen angewendet werden. Im Folgenden betrachten wir eine Klassifikationsaufgabe. Kontrollkarten können ebenfalls für Regressionsaufgaben verwendet werden (Montgomery 2008).

In einer Stichprobe von n Beispielen ist die Anzahl der Fehler des Algorithmus eine Zufallsvariable aus Bernoulli-Versuchen. Die Binomialverteilung wird verwendet, um die Anzahl der Fehler in n Beispielen zu modellieren. Zum Zeitpunkt j wird die Fehlerrate durch p_j mit einer Standardabweichung von $\sigma = \sqrt{p_j(1 - p_j)/j}$ berechnet. Die DDM-Methode zeichnet $p_{\min}$ und $\sigma_{\min}$ auf, während sie den Lernalgorithmus trainiert. Ist $p_j + \sigma_j \geq p_{\min} + 2\sigma_{\min}$, wird eine Warnung gemeldet. Ist sogar $p_j + \sigma_j \geq p_{\min} + 3\sigma_{\min}$, wird eine Änderung im Datenstrom gemeldet.

Wie bereits anhand dieser kurzen Beschreibung ersichtlich wird, benötigen kontrollkartenbasierte Ansätze i. d. R. viele Parameter (Bifet und Gavaldà 2009).

> **Kontrollkarten**
>
> Weitere Informationen zu Kontrollkarten sind auf den Seiten des National Institute of Standards and Technology zu finden:
> - NIST Engineering Statistics Handbook, Univariate and Multivariate Control Charts, siehe https://www.itl.nist.gov/div898/handbook/pmc/section3/pmc3.htm

3.3.3 Adaptive Windowing

Adaptive Windowing (ADWIN) verwaltet ein Fenster W variabler Länge, in dem kürzlich beobachtete Datenpunkte gespeichert werden (Bifet et al. 2018). Der Mittelwert dieser Datenpunkte im Fenster W wird überwacht. Die Größe des Fensters ist nicht festgelegt, sondern wird basierend auf der beobachteten Änderungsrate aus den Daten im Fenster dynamisch berechnet. Ein Fenster mit den neuesten Datenpunkten in einem Datenstrom wird behalten und die älteren Datenpunkte werden kontinuierlich verworfen, wenn genügend Hinweise dafür vorliegen, dass der Mittelwert der neuen Datenpunkte sich von dem des aktuellen Referenzfensters unterscheidet. Der ADWIN-Algorithmus

- erhöht die Fenstergröße w, wenn er keine Änderung im Datenstrom erkennt, und
- reduziert die Fenstergröße, wenn eine Änderung im Datenstrom erkannt wird.

Die Datenpunkte innerhalb des Fensters erhalten die aktualisierten Statistiken des Datenstroms, erkennen Konzeptabweichungen und aktualisieren das Modell. Abbildung 3.4 zeigt das Ergebnis der Drifterkennung mittels ADWIN. Dabei wurde ein Datensatz mit deutlich zu erkennender, abrupter Drift verwendet.

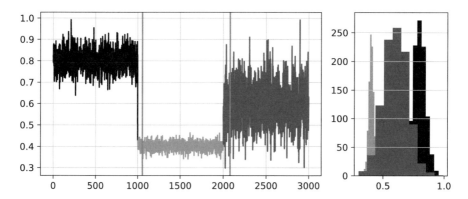

Abb. 3.4 ADWIN-Drifterkennung visualisiert anhand der in Beispiel 1.2.2 eingeführten Daten. Der ADWIN-Driftdetektor meldet Konzeptänderungen nach 1.055 und 2.079 Schritten. Diese werden durch die vertikalen, *grünen* Linien markiert

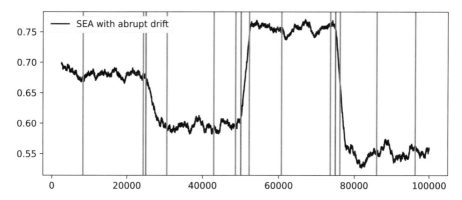

Abb. 3.5 ADWIN-Drifterkennung visualisiert anhand der SEA-Daten. Die von ADWIN gemeldeten Konzeptänderungen werden durch die vertikalen, *grünen* Linien markiert. Es werden zusätzlich zu den drei Änderungen (*rot* markiert) noch Änderungen an fünf anderen Stellen gemeldet, bei denen es sich um Fehlalarme handelt, z. B. nach 8.199 Schritten. Diese scheinbare Änderung beruht auf dem Rauschen in den Daten

Ist die Drift nicht abrupt, sondern langsam, dann kann es zu Fehlalarmen kommen. Dies ist in Abb. 3.5 zu sehen. Hier wurde der ADWIN-Driftdetektor auf dem Datensatz aus Beispiel 1.2.2 angewendet. Die Drift ist hier nicht abrupt. Es wird ein (kurzes) Zeitfenster verwendet, in dem Daten aus dem alten und dem neuen Konzept generiert werden. Der ADWIN-Driftdetektor erkennt diese Konzeptänderungen, liefert aber zusätzlich Fehlalarme. Die Fehlalarmrate kann durch die Wahl der Fenstergröße und durch weitere Parameter, die von ADWIN verwendet werden, beeinflusst werden.

Generell wird empfohlen, adaptive Fenster (Fenster mit variabler Größe) zu verwenden. Die Idee ist, Datenpunkte oder Beobachtungen so lange wie möglich aufzubewahren, da die

Tab. 3.1 Explizite Drifterkennungsverfahren

Explicit Drift Detection (Supervised)	Verfahren	Literatur
Sequential analysis	CUSUM	(Page 1954)
	PHT	(Page 1954)
	LFR	(Wang und Abraham 2015)
Statistical Process Control	DDM	(João Gama et al. 2004a)
	EDDM	(Baena-García et al. 2006)
	STEPD	(Nishida und Yamauchi 2007)
	EWMA	(Ross et al. 2012)
Window based distribution	ADWIN	(Bifet und Gavalda 2007)
	DoD	(Sobhani und Beigy 2011)
	Resampling	(Harel et al. 2014)

Änderungsintervalle meistens unbekannt sind. Weitere Hinweise sind in Bifet und Gavaldà (2007, 2009) zu finden.

Tabelle 3.1 stellt explizite (überwachte) Drifterkennungsverfahren zusammen.

3.3.4   Implizite Drifterkennungsalgorithmen

Neben Drifterkennungsverfahren, die Metriken verwenden, gibt es noch Verfahren, die unüberwacht arbeiten (Singh Sethi und Kantardzic 2017).

Definition 3.5 (Implizite Drifterkennungsverfahren)
Implizite (unüberwachte) Driftdetektorenverlassen sich auf Eigenschaften der Merkmalswerte der nicht gelabelten Daten, um Abweichungen zu signalisieren. Sie sind anfällig für Fehlalarme, aber ihre Fähigkeit, ohne Label zu funktionieren, macht sie nützlich in Anwendungen, in denen eine Labelung teuer, zeitaufwändig oder nicht verfügbar ist.

Implizite Verfahren sind in Tab. 3.2 zu finden. Tabelle 3.1 und 3.2 basieren auf der von Singh Sethi und Kantardzic (2017) erstellten Übersicht.

Nach dieser Klassifikation der Drifterkennungsverfahren werfen wir in den folgenden Abschnitten einen Blick auf die entsprechenden Implementierungen für OML-Algorithmen.

Tab. 3.2 Implizite Drifterkennungsverfahren

Implicit Drift Detection (Unsupervised)	Verfahren	Literatur
Novelty detection/clustering methods	OLINDDA	(Spinosa et al. 2007)
	MINAS	(Faria et al. 2013)
	Woo	(Ryu et al. 2012)
	DETECTNOD	(Hayat und Hashemi 2010)
	ECSMiner	(Masud et al. 2011)
	GC3	(Sethi et al. 2016)
Multivariate distribution monitoring	CoC	(Lee und Magoules 2012)
	HDDDM	(Ditzler und Polikar 2011)
	PCA-detect	(Kuncheva und Faithfull 2014),
Model dependent monitoring	A-distance	(Dredze et al. 2010)
	CDBD	(Lindstrom et al. 2013)
	Margin	(Dries und Rückert 2009)

3.4 Online Machine Learning Algorithmen mit Drifterkennung: Hoeffding Window Trees

Hoeffding-Bäume, die gleitende Fenster verwenden, werden von Bifet und Gavaldà (2009) generell als „Hoeffding Window Trees" bezeichnet. Hierzu zählen auch die Concept-adapting Very Fast Decision Tree (CVFDT)-Algorithmen, siehe Abschn. 3.4.1, und die Hoeffding Adaptive Tree (HAT), siehe Abschn. 3.4.2.

Definition 3.6 (Hoeffding Window Tree)
Hoeffding Window Trees benötigen

1. Change Detectors (z. B. Kontrollkarten, siehe Abschn. 3.3.2, oder ADWIN, siehe Abschn. 3.3.3) in jedem Knoten,
2. Verfahren zum Erzeugen und Verwalten (Löschen) von Alternativ-Teilbäumen und
3. Schätzer der Statistik S (siehe Definition 2.1) in den Knoten.

3.4.1 Concept-adapting Very Fast Decision Trees

Das CVFDT-Verfahren ist geeignet für Datenströme mit Konzeptdrift. Die Kernidee besteht darin, dass jedes Mal, wenn eine Änderung an einem Teilbaum erkannt wird, ein Teilbaumkandidat wächst und schließlich entweder der aktuelle Teilbaum oder der Teilbaumkandidat gelöscht wird. CVFDTs aktualisieren Statistiken S (siehe Definition 2.1) in den Knoten und Blättern, indem die Zähler beim Eintreffen eines neuen Samples erhöht werden und die Zähler des ältesten Beispiels verringert werden. Dadurch wird *Vergessen* simuliert. Wenn der Prozess stationär ist, wird das Vergessen keinen Effekt haben. Hat sich jedoch der Prozess verändert (Konzeptdrift), werden andere als die bisherigen Attribute wichtig.

Definition 3.7 (Concept-adapting Very Fast Decision Trees)
Concept-adapting Very Fast Decision Trees implementieren die folgenden Schritte:

1. Es wird ein alternativer Teilbaum erzeugt, wenn der bisherige fragwürdig ist. D. h., andere als die bisherigen Attribute sind wichtig. Das neue beste Attribut wird als Wurzelknoten des neuen („alternativen") Baums gewählt.
2. Es wird der alte durch den neuen Teilbaum ersetzt, wenn der Neue besser ist.

Damit diese Teilbäume berechnet und bewertet werden können, speichern CVFDT die Statistik S (siehe Definition 2.1) in jedem Knoten und nicht nur in den Blättern. Die Knoten enthalten eine (aufsteigend sortierte) eindeutige ID, um das Alter zu bestimmen und das Vergessen zu managen. Die Fenstergröße w wird bei CVFDTs verändert. Sie wird verkleinert, wenn gleichzeitig viele Knoten nicht mehr als zuverlässig gekennzeichnet werden.

Hulten et al. (2001) haben gezeigt, dass CVFDTs ein Modell lernen, das bezüglich der Accuracy genauso gut wie ein Very Fast Decision Tree (VFDT) ist, der mit Hilfe eines gleitenden Fensters der Größe w trainiert wird. CVFDTs benötigen drei Parameter:

1. Anzahl der Beispiele, nach der überprüft wird, ob die Splits noch korrekt sind. Gibt es bessere Splits, dann wird ein Teilbaum von dem entsprechenden (besseren) Knoten aus berechnet. Als Defaultwert wird von Hulten et al. (2001) $T_0 = 10.000$ angegeben.
2. Anzahl der Beispiele, die für die Erzeugung des alternativen Baums verwendet werden. Defaultwert: $T_1 = 9.000$.
3. Anzahl der Beispiele (nach T_1), die die Qualität des neuen Teilbaums berechnen.

Anhand der Defaultwerte kann geschlussfolgert werden, dass Änderungen nach 10.000 Instanzen zu erwarten sind. Dies ist sicherlich nicht in jeder Situation der Fall, so dass diese Defaultwerte nur begrenzt sinnvoll sind. Weitere Details zu CVFDT sind in Hulten et al. (2001) zu finden.

3.4.2 Hoeffding Adaptive Trees

Abschnitt 3.3.3 führte die Drifterkennungsmethode ADWIN ein, bei der ein gleitendes Fenster W dynamischer Größe verwendet wird. Die Fenstergröße w wird dynamisch, d. h. basierend auf der Änderungsrate, berechnet, die anhand der Daten im Fenster beobachtet wird. Der ADWIN-Algorithmus erhöht die Fenstergröße, wenn er keine Änderung im Datenstrom erkennt, und verringert die Fenstergröße, wenn eine Änderung im Datenstrom erkannt wird.

Der HAT verwendet die ADWIN-Methode und ist eine modifizierte Version des Hoeffding-Baums. Es wird ein alternativer Entscheidungsbaum an denjenigen Knoten erzeugt, an denen die Aufteilung („Split") nicht mehr die aktuelle Situation widerspiegelt. Der alte Baum wird dann durch einen neuen ersetzt, der genauer ist. Der HAT ist eine Modifikation des in Abschn. 3.4.1 beschriebenen CVFDT. ADWIN überwacht den Fehler jedes Teilbaums und der alternativen Bäume. Die HAT-Methode verwendet die ADWIN-Schätzungen, um Entscheidungen über das Blatt und das Wachsen neuer Bäume oder alternativer Bäume zu treffen. Sie stellt eine Lösung bereit, um den Trade-off zwischen zu klein gewählten Fenstern (und der daraus resultierenden fehlenden Robustheit) und zu groß gewählten Fenstern (und der daraus resultierenden langsamen Erkennung von Änderungen) zu behandeln. Dafür benötigt ADWIN aber mehr Rechenzeit als die CVFDT-Methode. Laut Bifet et al. (2018) ist ein HAT mindestens so gut wie ein CVFDT.

3.4.3 Übersicht: Hoeffding Window Trees

Tabelle 3.3 stellt wesentliche Eigenschaften der in diesem Abschnitt behandelten Hoeffding Window Trees zusammen.

> **Notebook**
> Weitere Details und eine ADWIN-Beispielimplementation sind im GitHub-Repository https://github.com/sn-code-inside/online-machine-learning zu finden.

3.4.4 Übersicht: HT in `river`

Im Python-Paket river[1] sind mehrere Hoeffding Tree (HT)-Implementierungen bereits vorhanden, siehe Tab. 3.4.

---

[1] https://riverml.xyz/

Tab. 3.3 Drifterkennung: Baumbasierte OML-Algorithmen

Name	Akronym	Drifterkennung	Bemerkungen
Hoeffding Tree, Very Fast Decision Tree	HT/VFDT	Nein	Basisalgorithmus
Concept-adapting Very Fast Decision Trees	CVFDT	Fenstergröße wird anhand festgelegter Parameter verändert. Updates nach vorher spezifizierten Zeitschritten	Benötigen viele Parameter, die vom Nutzer eingestellt werden müssen. Bezüglich Accuracy so gut wie ein HT mit gleitendem Fenster fester Größe. Keine weiteren theoretischen Garantien zur erzielten Güte
Hoeffding Adaptive Tree	HAT	Adaptive Windowing (ADWIN)	Adaptive Erweiterung des in CVFDT umgesetzten Prinzips. Flexibel, aber erhöhter Rechenaufwand. Theoretische Performanzgarantie

Tab. 3.4 Hoeffding-Tree-Implementierungen im Paket river. Die Spalte „nichtstationär" gibt an, ob der Algorithmus Verfahren zur Behandlung nichtstationärer Datenströme (z. B. Drift) implementiert. Das in der Tabelle verwendete Akronym ADWIN steht für „Adaptive Windowing" und wird in Abschn. 3.3.3 erläutert

Name	Acronym	Task	Nichtstationär?	Bemerkungen
Hoeffding Tree Classifier	HTC	Klassifikation	Nein	Basisalgorithmus für OML-Klassifikationsaufgaben
Hoeffding Adaptive Tree Classifier	HATC	Klassifikation	Ja	Modifizierter HTC durch Hinzufügen einer Instanz von ADWIN zu jedem Knoten, um Drift zu erkennen und darauf zu reagieren
Extremely Fast Decision Tree Classifier	EFDT	Klassifikation	Nein	Setzt Teilungen („Splits") so schnell wie möglich um. Überprüft Entscheidungen regelmäßig und wiederholt sie bei Bedarf

(Fortsetzung)

Tab. 3.4 (Fortsetzung)

Name	Acronym	Task	Nichtstationär?	Bemerkungen
Hoeffding Tree Regressor	HTR	Regression	Nein	Basis-Hoeffding-Baum für Regressionsaufgaben. Anpassung des HTC-Algorithmus für Regression
Hoeffding Adaptive Tree Regressor	HATR	Regression	Ja	Ändert HTR durch Hinzufügen einer Instanz von ADWIN zu jedem Knoten, um Drift zu erkennen und darauf zu reagieren
Incremental Structured-Output Prediction Tree Regressor	iSOUPT	Multi-target Regression	Nein	Multi-target-Version des HTR
Label Combination Hoeffding Tree Classifier	LCHTC	Multi-label classification	Nein	Erstellt einen numerischen Code für jede Kombination der binären Labels und verwendet HTC, um aus dieser kodierten Darstellung zu lernen. Dekodiert zur Vorhersagezeit die modifizierte Darstellung, um die ursprünglichen Label zu erhalten

Initiale Auswahl und nachträgliche Aktualisierung von OML-Modellen

4

Thomas Bartz-Beielstein

Inhaltsverzeichnis

Zusammenfassung

In Abschn. 4.1 wird eine aktuelle Best-Practice-Methodik zur initialen Modellwahl bei Online-Machine-Learning-Modellen (OML-Modellen) beschrieben, die berücksichtigt, dass das Modell kontinuierlich aktualisiert wird. In Abschn. 4.2 werden Möglichkeiten des Entfernens oder der Änderung von bereits zum Modell hinzugefügten Observationen/Instanzen besprochen. Es wird beschrieben, wie nachträglich dem Modell komplett neue Merkmale hinzugefügt werden können. Zudem wird aufgezeigt, wie nach einem Modellupdate sichergestellt ist, dass die Modellgüte immer noch adäquat ist. Das sogenannte katastrophale Vergessen (katastrophale Interferenz) wird in Abschn. 4.3 im OML-Kontext betrachtet: Die kontinuierliche Aktualisierung der OML-Modelle birgt das Risiko, dass dieses Lernen nicht erfolgreich ist, wenn korrekt gelernte ältere Zusammenhänge fälschlicherweise vergessen (entlernt, engl. „de-learned") werden.

T. Bartz-Beielstein (✉)
Institute for Data Science, Engineering, and Analytics, TH Köln, Gummersbach, Deutschland
E-Mail: thomas.bartz-beielstein@th-koeln.de

© Der/die Autor(en), exklusiv lizenziert an Springer Fachmedien Wiesbaden GmbH, ein Teil von Springer Nature 2024
T. Bartz-Beielstein und E. Bartz (Hrsg.), *Online Machine Learning*,
https://doi.org/10.1007/978-3-658-42505-0_4

4.1   Initiale Modellauswahl

Basierend auf den Ergebnissen der in Kap. 9 beschriebenen Studien sind Empfehlungen zur initialen Modellwahl nur sehr eingeschränkt möglich. Das liegt daran, dass aktuell kein OML-Verfahren „out of the box" einsatzfähig ist. Neben der auch im Batch Machine Learning (BML)-Umfeld erforderlichen Datenvorverarbeitung, die OML-Spezifika berücksichtigen muss, stellt die Bestimmung geeigneter Hyperparameter eine große Herausforderung für OML-Verfahren dar.

In einem experimentierfreudigen Umfeld ist der Einsatz von OML-Verfahren vermutlich möglich. Ein derartiges Umfeld ist eher im akademischen Bereich anzutreffen und nicht im produktiven Einsatz, wie z. B. beim Statistischen Bundesamt, wo verlässliche Ergebnisse eine große Rolle spielen. Auf die besonderen Anforderungen an das maschinelle Lernen in Statistikinstitutionen wird in Abschn. 7.1.4 eingegangen.

In Kap. 8 wird die aktuelle Entwicklung detailliert beschrieben. Insbesondere die Kombination von OML-Verfahren mit Verfahren zum Hyperparameter-Tuning (Bartz et al. 2022) eröffnet vielversprechende Perspektiven.

Empfehlungen zur initialen Modellwahl

Basierend auf dem aktuellen Stand können zur initialen Modellauswahl folgende Empfehlungen gegeben werden:

1. Im Vorfeld der Modellauswahl ist eine an die OML-Situation (insbesondere den Axiomen für das Stream-Lernen, siehe Definition 1.12) angepasste Datenvorverarbeitung zu berücksichtigen.
2. Außerdem sollte ein adäquates Gütemaß ausgewählt werden. Entscheidend ist, welche Daten für das Training und welche für das Testen verwendet werden (siehe dazu die Diskussion in Kap. 5). Falls möglich, sollten mehrere Gütemaße gleichzeitig betrachtet werden.
3. Neben den Gütemaßen sollten auch Rechenzeit und Speicherbedarf beobachtet werden.
4. Nachdem die ersten drei Punkte geklärt sind, sollte, falls möglich, ein einfaches BML-Verfahren trainiert werden. Dadurch stehen Vergleichswerte zur Beurteilung der Güte zur Verfügung.
5. Bei der initialen Auswahl eines OML-Verfahrens sollte mit einfachen Verfahren begonnen werden. Hier eignen sich besonders lineare Modelle oder Hoeffding Adaptive Tree Regressor (HATR) für die Regression bzw. logistische Regression oder Hoeffding Adaptive Tree Classifier (HATC) für die Klassifikation.
6. Die Hyperparameter dieser Algorithmen sollten angepasst werden, da sonst zu große Bäume mit sehr großen Rechenzeiten und hohem Speicherbedarf erzeugt werden. So kann der Wert `max_depth`, der die maximale Baumtiefe festlegt,

angepasst werden. Die Defaulteinstellung legt fest, dass die Bäume unendlich groß werden können.

7. Stehen genügend Speicher und Zeit zur Verfügung und lässt die Güte zu wünschen übrig, können Ensemble-Verfahren zum Einsatz kommen. Hier sind z. B. „Adaptive Random Forest regressor" bzw. „Adaptive Random Forest classifier" zu nennen (Heitor M. Gomes et al. 2017).

4.2 Modelländerungen

4.2.1 Hinzufügen neuer Merkmale

Eine Stärke von OML-Verfahren ist, dass sie mit neuen Attributen und Klassen umgehen können, die im Datenstrom auftauchen. Das in der Programmiersprache Python entwickelte Paket river verwendet sogenannte „Dictionaries" zur Verwaltung der Daten. Ein Dictionary kann zu Beginn leer sein, z. B. wenn noch gar nicht bekannt ist, welche Features mit welchen Ausprägungen im Datenstrom vorhanden sind. Das Modell wird also gebaut, ohne dass es Daten gesehen hat. Im Laufe des Trainings werden die Features vom Modell gelernt. Dadurch haben OML-Verfahren gegenüber BML-Verfahren einen großen Vorteil. Viele BML-Verfahren, z. B. die baumbasierten Standardalgorithmen aus dem Paket scikit-learn: Machine Learning in Python (sklearn), können das Auftreten neuer Level eines Features oder gar komplett neuer Features nicht verarbeiten. Hier muss das BML-Modell dann von Grund auf neu trainiert werden.

Notebook
Ein Beispiel, wie Attribute nachträglich einem Modell hinzugefügt werden können, ist im GitHub-Repository https://github.com/sn-code-inside/online-machine-learning zu finden.

4.2.2 Manuelle Modelländerungen als Reaktion auf Drift

Falls Drift erkannt wurde, können die OML-Modell-Attribute mutiert werden. Verschlechtert sich die Performanz des Modells stark, so kann das Modell mittels Klonens („cloning") auf die Defaulteinstellungen zurückgesetzt werden.

Mutation und Cloning im Paket river

Die Methode `mutate()` verändert Attribute eines Modells, z. B. die Lernrate des Optimierungsalgorithmus der OML-linearen Regression. Die Methode `clone()` erzeugt eine „deep copy" des Modells. Das geklonte Modell besitzt keine Informationen über die Daten. ◄

Tipp

Weitere Informationen sind auf der river-Projektseite zu finden: river: recipes/cloning-and-mutating/.

4.2.3 Sicherstellung der Modellgüte nach einem Modellupdate

Die in Abschn. 3.4 vorgestellten Hoeffding Window Trees verwenden interne Verfahren, um die Modellgüte nach einem Modellupdate sicherzustellen. Interessant ist auch die Überlegung, das Modellupdate erst dann durchzuführen, wenn sichergestellt ist, dass es eine Verbesserung der Modellgüte erzielt. Dies wird von den Concept-adapting Very Fast Decision Tree (CVFDT)- und Hoeffding Adaptive Tree (HAT)-Algorithmen berücksichtigt. So wird ein alternativer Teilbaum erzeugt, wenn der bisherige fragwürdig ist. D. h., andere als die bisherigen Attribute sind wichtiger. Das neue beste Attribut wird als Wurzelknoten des neuen („alternativen") Baums gewählt. Der alte Teilbaum wird erst dann durch den neuen Teilbaum ersetzt, wenn der Neue besser ist. Zudem kann durch eine Archivierung auf bereits trainierte Modelle zurückgegriffen werden, wenn das neue Modell einen Leistungsabfall zeigt.

Neben der intern, durch den Algorithmus selbst garantierten Sicherstellung der Modellgüte, kann die Güte auch durch die Kombination mehrerer Algorithmen sichergestellt werden. Bei der „banditenbasierten Modellauswahl" (engl. „Bandit-based model selection") ist jedes Modell einem Arm zugeordnet. Bei jedem Aufruf des Algorithmus wird entschieden, welcher Arm/welches Modell gezogen werden soll.

4.3 Katastrophales Vergessen

Katastrophales Vergessen, auch bekannt als katastrophale Interferenz, beschreibt das (unerwünschte) Verhalten von Machine Learning (ML)-Modellen, das Gelernte bei neuen Aktualisierungen zu vergessen. Korrekt gelernte ältere Tendenzen werden fälschlicherweise vergessen oder „entlernt" (engl. „de-learned"), wenn neue Tendenzen aus neuen Daten erlernt werden.

Der Begriff „Drift" wird verwendet, um auf Drift entweder in den Variablen (Datendrift) oder in den Beziehungen zwischen unabhängigen Variablen und abhängigen Variablen (Konzeptdrift) hinzuweisen (siehe Definition 1.7). Da katastrophales Vergessen ein Problem der trainierten Modellkoeffizienten innerhalb des Modells ist, ist es sinnvoll, katastrophales Vergessen unabhängig vom Phänomen der Drift zu betrachten. Die Erklärbarkeit und Interpretierbarkeit der ML-Algorithmen und Modelle (siehe Abschn. 6.6) steht im direkten Zusammenhang mit dem Thema des katastrophalen Vergessens.

4.3.1 Definition: Katastrophales Vergessen

Katastrophales Vergessen wurde ursprünglich als ein Problem definiert, das in (tiefen) neuronalen Netzen auftritt (McCloskey und Cohen 1989; Z. Chen et al. 2018). Die Komplexität neuronaler Netze macht sie empfindlich für das Problem des katastrophalen Vergessens. Die Art und Weise, wie ein neuronales Netzwerk lernt, besteht darin, viele Aktualisierungsdurchgänge für die Gewichte durchzuführen. Bei jeder Aktualisierung sollte das Modell ein wenig besser zu den Daten passen. Selbst für ein einfaches neuronales Netzwerk müssen viele Koeffizienten trainiert werden, insbesondere im Vergleich mit sogenannten „shallow ML"-Verfahren wie z. B. logistische Regression. Katastrophales Vergessen ist für OML relevant: Wenn Modelle mit jedem neuen Datenpunkt aktualisiert werden, ist zu erwarten, dass sich die Koeffizienten im Laufe der Zeit ändern.

> **Notebook**
> Das Jupyter-Notebook im GitHub-Repository https://github.com/sn-code-inside/online -machine-learning zeigt ein Beispiel, wie katastrophales Vergessen auftreten kann.

4.3.2 Methoden gegen das katastrophale Vergessen

Drei Methoden gegen das katastrophale Vergessen (Modellüberwachung, Drifterkennung und Erklär- bzw. Interpretierbarkeit) werden im Folgenden beschrieben.

4.3.2.1 Modellüberwachung (Performanz und Fehlerraten)

Selbst wenn bei der schrittweisen Bewertung des Modells der einzelne Fehler an jedem Datenpunkt nicht sonderlich groß wird, kann am Ende des Prozesses oder nach einem gewissen Zeitraum das Modell die Eigenschaften der ersten Datenpunkte vergessen („entlernt") haben. Re-Evaluation zurückliegender Instanzen kann genutzt werden, um katastrophales Vergessen in der Praxis zu beobachten.

Werden die Performanz des Modells und die Verteilung der Daten sowie andere Key Performance Indicators (KPIs) und deskriptive Statistiken genau verfolgt, dann sollte katastrophales Vergessen erkannt und rechtzeitig eingegriffen werden können.

4.3.2.2 Drifterkennung

Eine zweite Lösung ist die Anwendung der in Kap. 3 beschriebenen Drifterkennungsmethoden.

4.3.2.3 Erklärbarkeit

Als drittes Werkzeug zum Umgang mit katastrophalem Vergessen können Methoden zur Erklärbarkeit von Modellen zum Einsatz kommen. Machine-Learning-Modelle, auch OML-Modelle, werden häufig als Blackbox-Modelle verstanden und eingesetzt: Einzig und alleine die Ergebnisse der Lernens sind entscheidend und werden analysiert (siehe Kap. 5), es wird aber relativ wenig Zeit dafür verwendet, die inneren Mechanismen der Modelle zu untersuchen. Dies wird zu einem Problem, wenn falsch erlernte Muster auftreten. Daher ist der Einsatz von Tools zur Erklärbarkeit von Modellen zu empfehlen.

Die in Abschn. 4.3.2.1 beschriebene Leistungsüberwachung ist hauptsächlich ein Blackbox-Ansatz. Interessant ist, dass wir auch Elemente wie Bäume (Dendrogramme), Koeffizienten, Variablenwichtigkeit und dergleichen extrahieren können, um zu sehen, was sich tatsächlich im Modell geändert hat. Jedoch gibt es keine einfache, allgemeingültige Methode, um die inneren Mechanismen der Modelle zu untersuchen und zu erklären. Jede ML-Modellkategorie implementiert ihre eigene spezifische Methode zur Anpassung der Daten. Relevant sind die in Abschn. 6.6 beschrieben Vorgehensweisen zur Interpretier- und Erklärbarkeit von Modellen.

Evaluation und Performanzmessung

5

Thomas Bartz-Beielstein

Inhaltsverzeichnis

T. Bartz-Beielstein (✉)
Institute for Data Science, Engineering, and Analytics, TH Köln, Gummersbach, Deutschland
E-Mail: thomas.bartz-beielstein@th-koeln.de

© Der/die Autor(en), exklusiv lizenziert an Springer Fachmedien Wiesbaden GmbH, ein
Teil von Springer Nature 2024
T. Bartz-Beielstein und E. Bartz (Hrsg.), *Online Machine Learning,*
https://doi.org/10.1007/978-3-658-42505-0_5

Zusammenfassung

Dieses Kapitel behandelt Aspekte, die bei der Evaluation von Online Machine Learning (OML)-Algorithmen, insbesondere bei deren Vergleich mit Batch Machine Learning (BML)-Algorithmen, zu berücksichtigen sind. Die folgenden Überlegungen spielen hierbei eine wichtige Rolle:

1. Wie werden Trainings- und Testdaten ausgewählt?
2. Wie kann die Performanz gemessen werden?
3. Welche Verfahren zur Erzeugung von Benchmarkdatensätzen gibt es?

Abschnitt 5.1 beschreibt die Auswahl von Trainings- und Testdaten. Abschnitt 5.2 stellt eine Implementierung in Python zur Auswahl von Trainings- und Testdaten vor. Abschnitt 5.3 beschreibt die Berechnung der Performanz. Abschnitt 5.4 beschreibt die Erzeugung von Benchmarkdatensätzen im Bereich von OML.

5.1 Auswahlmethode

Bei der Bestimmung der Datenauswahlmethode und der Berechnung der Performanz gibt es den größten Unterschied zwischen BML und OML, u. a., weil im OML die Ressourcen (Speicher und Zeit, aber nicht die Daten) stark limitiert sind. Zudem ist eine Kreuzvalidierung (engl. Cross Validation (CV)) nicht möglich. Sehr wichtig: Es muss festgelegt werden, welche Instanzen für das Training und für das Testen (u. U. auch für die Validierung) verwendet werden. Hierfür gibt es die folgenden Ansätze, zu denen jeweils noch eine Metrik ausgewählt werden muss, z. B. Accuracy oder Mean Absolute Error (MAE).

5.1.1 Holdout

Bei der Holdout-Bewertungsmethode wird die Leistung des Modells anhand eines Testdatensatzes bewertet, der aus noch nicht gesichteten Beispielen besteht. Diese Beispiele werden nur zu Bewertungszwecken und nicht zum Trainieren des Modells verwendet.

Definition 5.1 (Holdout)
Bei der Holdout-Bewertungsmethode erfolgt die Leistungsbewertung nach jedem Batch, d. h. nach einer bestimmten Anzahl von Beispielen oder Beobachtungen. Dazu müssen zwei Parameter festgelegt werden:

1. Größe des (Holdout-)Fensters und
2. Häufigkeit des Testens

Werden aktuelle und repräsentative Holdout-Daten verwendet, dann ist die Evaluation am besten.

Warum werden für OML dann nicht Holdout-Daten verwendet? Es ist nicht immer einfach oder überhaupt möglich, diese Daten zu erhalten. Außerdem muss der Holdout-Datensatz repräsentativ sein, was bei Streamingdaten aufgrund möglicher Änderungen nicht garantiert werden kann. Die Holdout-Daten von heute können morgen schon veraltet sein. Ist der Zeitraum, in dem die Holdout-Daten erhoben werden, zu kurz, kann dieser Daten enthalten, die wesentliche Zusammenhänge nicht erfassen.

5.1.2 Progressive Validierung: Interleaved test-then-train

Allgemein wird in der Statistik unter progressiver Validierung die Validierung über einen längeren Zeitraum (z. B. durch den Einsatz von Kontrollkarten) verstanden. Speziell im Streamingdatenkontext wird der Begriff für Ansätze verwendet, in denen die einzelnen Instanzen erst zum Testen (Bestimmung der Modellgüte, das Modell berechnet eine Vorhersage) und dann zum Lernen (Trainieren des Modells) verwendet werden. Jede einzelne Instanz wird entsprechend ihrer Ankunftsreihenfolge analysiert. Neben der einfachen progressiven Validierung betrachten wir auch die Prequential-Validierung und die verzögerte progressive Validierung.

5.1.2.1 Progressive Validierung

Definition 5.2 (Progressive Validierung)
Jede Beobachtung kann als (X_t, y_t) bezeichnet werden, wobei X_t ein Satz von Merkmalen ist, y_t ein Label (oder ein Vorhersagewert) und t den Zeitpunkt (oder einfach den Index) bezeichnet. Bevor das Modell mit dem Paar (X_t, y_t) aktualisiert wird, berechnet das Modell eine Vorhersage für X_t, so dass $\hat{y}_t$ berechnet wird. Mit Hilfe der Grundwahrheit (engl. „ground truth") y_t und dem vom Modell vorhergesagten Wert $\hat{y}_t$ wird dann die Online-Metrik aktualisiert. Gängige Metriken wie Accuracy, MAE, Mean Squared Error (MSE) und Area Under The Curve, Receiver Operating Characteristics (ROC, AUC) sind allesamt Summenwerte und können daher online aktualisiert werden.

Dieses Vorgehen kann auch für Zeitreihen verwendet werden: Liegen t Beobachtungen $(x_1, x_2, \ldots, x_t)$ vor, dann können die Werte $(x_{t-k}, x_{t-k+1}, \ldots, x_{t-1})$ als X_t und der Wert x_t als y_t verwendet werden. Alternativ können aus den Werten $(x_{t-k}, x_{t-k+1}, \ldots, x_{t-1})$ auch zusätzliche Merkmale berechnet werden, die dann als X_t verwendet werden. Typische Merkmale sind die Informationen über den Wochentag oder die Jahreszeit.

5.1.2.2 Prequential-Validierung

Definition 5.3 (Prequential-Validierung)
Die Prequential-Validierung funktioniert wie progressive Validierung (interleaved test-then-train). Allerdings sind hierbei die neuen Instanzen wichtiger als die alten. Dies wird durch ein gleitendes Fenster oder einen Abkling-Faktor (engl. „decay factor") implementiert.

5.1.2.3 Verzögerte progressive Validierung

Typischerweise berechnet ein OML-Modell eine Vorhersage $\hat{y}_t$ und lernt dann. Dies wurde in Abschn. 5.1.2 als „progressive Validierung" bezeichnet. Die Vorhersage und der beobachtete Wert können verglichen werden, um die Korrektheit des Modells zu messen. Diese Vorgehensweise wird häufig zur Evaluation von OML-Modellen verwendet. In manchen Fällen ist dieser Ansatz nicht zielführend, da die Vorhersage und die Grundwahrheit nicht zeitgleich vorliegen. In diesem Fall ist es sinnvoll, den Prozess zu verzögern, bis die Grundwahrheit verfügbar ist. Dies wird als verzögerte progressive Validierung bezeichnet:

Verzögerte progressive Validierung

Bei der Evaluation eines Machine-Learning-Modells geht es darum, Produktionsbedingungen zu simulieren, um eine vertrauenswürdige Einschätzung der Leistungsfähigkeit des Modells zu erhalten. Betrachten wir beispielsweise die Anzahl der benötigten Fahrräder, die für einen Fahrradverleih für die nächste Woche prognostiziert werden. Sobald sieben Tage verstrichen sind, ist der tatsächliche Bedarf bekannt und wir können das Modell aktualisieren. Was wir wirklich wollen, ist, das Modell zu evaluieren, indem wir z. B. sieben Tage im Voraus prognostizieren und das Modell erst aktualisieren, wenn die wahren Werte verfügbar sind (Grzenda et al. 2020). ◄

Die verzögerte progressive Validierung ist für die Praxis von großer Bedeutung: Anstatt das Modell sofort zu aktualisieren, nachdem es eine Vorhersage getroffen hat, wird es erst dann aktualisiert, wenn die Grundwahrheit bekannt ist. Auf diese Weise bildet das Modell den realen Prozess genauer ab.

5.1.3 Maschinelles Lernen im Batch-Verfahren mit einem Vorhersagehorizont

Die Methode `eval_bml_horizon` implementiert den „klassischen" BML-Ansatz: Der klassische BML-Algorithmus wird einmal auf dem Trainingsdatensatz trainiert, was zu einem Modell, sagen wir $M_{bml}^{(1)}$, führt, das nicht verändert wird: $M_{bml}^{(1)} = M_{bml}$.

Das Modell M_{bml} wird auf den Testdaten evaluiert, wobei der Horizont, sagen wir $h \in [1, s_{test}]$, ins Spiel kommt: h gibt die Größe der Partitionen an, in die D_{test} aufgeteilt wird.

Wenn $h = s_{\text{test}}$, dann wird die Standardvorgehensweise des Machine Learnings (MLs) („train-test") implementiert. Ist $h = 1$, wird eine reine OML-Einstellung simuliert. Das OML-Verfahren wird in diesem Fall nur simuliert, da das Modell M_{bml} nicht aktualisiert oder neu trainiert wird. Der BML-Ansatz ist in Abb. 5.1 dargestellt.

Wird bei dem Batch-Verfahren mit Vorhersagehorizont für den Vorhersagehorizont der gesamte Testdatensatz verwendet, d. h. $s_{\text{test}} = h$, dann erhalten wir den klassischen Holdout-Ansatz (siehe Abschn. 5.1.1).

5.1.4 Landmark Batch Machine Learning mit einem Vorhersagehorizont

Die Methode `eval_bml_landmark` implementiert einen Landmark-Ansatz. Der erste Schritt ist ähnlich dem ersten Schritt des BML-Ansatzes und $M_{\text{bml}}^{(1)}$ ist verfügbar. Die folgenden Schritte unterscheiden sich: Nachdem eine Vorhersage mit $M_{\text{bml}}^{(1)}$ für den Batch von Dateninstanzen aus dem Intervall $[s_{\text{train}}, s_{\text{train}} + h]$ berechnet wurde, wird der Algorithmus auf dem Intervall $[1, s_{\text{train}} + h]$ neu trainiert und ein aktualisiertes Modell $M_{\text{bml}}^{(2)}$ ist verfügbar. Im dritten Schritt des Landmark BMLs berechnet $M_{\text{bml}}^{(2)}$ Vorhersagen für $[s_{\text{train}} + h, \text{train} + 2 \times h]$ und ein neues Modell $M_{\text{bml}}^{(2)}$ wird auf $[1, \text{train} + 2 \times h]$ trainiert. Der Landmark-Ansatz ist in Abb. 5.2 dargestellt.

5.1.5 Window Batch Machine Learning mit einem Vorhersagehorizont

Die Methode `eval_bml_window` implementiert einen Fensteransatz. Auch hier ist der erste Schritt ähnlich wie der erste Schritt des BML-Ansatzes und $M_{\text{bml}}^{(1)}$ ist verfügbar. Die folgenden Schritte sind ähnlich wie beim Landmark-Ansatz, mit einer wichtigen Ausnahme:

Abb. 5.1 Batch-Verfahren mit einem Vorhersagehorizont. Der Trainingsdatensatz D_{train} wird einmalig verwendet. Das auf D_{train} trainierte Modell M_{bml} wird auf den einzelnen Partitionen des Testdatensatzes D_{test} nach und nach getestet. Die untere Abbildung zeigt (als Sonderfall) die Datensätze, wenn ein klassischer Holdout-Ansatz verwendet wird. In diesem ist die Größe des Testdatensatzes gleich der Größe des Horizonts

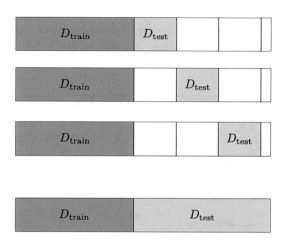

Abb. 5.2 Landmark
Batch-Verfahren mit einem
Vorhersagehorizont

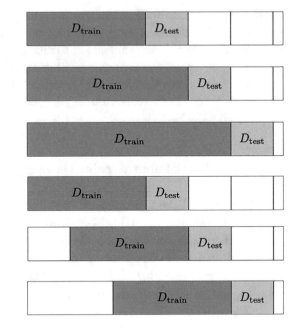

Abb. 5.3 Window-Batch-
Verfahren mit einem
Vorhersagehorizont. Durch
diese Aufteilung des Trainings-
und Testdatensatzes wird
sichergestellt, dass die Größe
des Trainingsdatensatzes s_{train}
unverändert bleibt und
ebenfalls immer ein
gleichgroßer
Vorhersagehorizont h
verwendet wird

Der Algorithmus wird nicht auf dem kompletten Satz der gesehenen Daten trainiert. Stattdessen wird er auf einem gleitenden Fenster der Größe s_{train} trainiert.

Der Window-Batch-Ansatz ist in Abb. 5.3 dargestellt.

5.1.6 Online Machine Learning mit einem Vorhersagehorizont

Die Methode `eval_oml_horizon` implementiert einen OML-Ansatz. Dieser Ansatz unterscheidet sich grundlegend von den Batch-Ansätzen des MLs, da jede einzelne Instanz zur Vorhersage und zum Training verwendet wird. Wenn $h = 1$, wird ein „reiner" OML-Algorithmus implementiert. Ist $h > 1$, werden die OML-Berechnungen h-mal durchgeführt.

5.1.7 Online-Maschinelles Lernen

Die Methode `eval_oml_iter_progressive` basiert auf der Methode `progressive_val_score` aus dem Paket `river`[1]. Das iterative Verfahren ist in Abb. 5.4 dargestellt.

Tabelle 5.1 gibt eine vergleichende Darstellung der Auswahlmethoden.

---

[1] Siehe https://riverml.xyz/0.15.0/api/evaluate/progressive-val-score/.

Abb. 5.4 Iteratives OML-Verfahren. Ist die Fenstergröße h eins, dann wird ein Beispiel zum Testen und anschließend zum Trainieren (Aktualisieren) des OML-Algorithmus verwendet. Ist $h > 1$, dann werden die Berechnungen h-mal durchgeführt und der Durchschnitt dieser h Ergebnisse berechnet

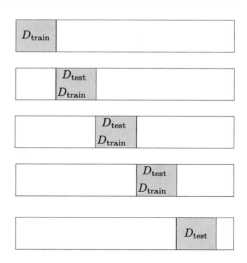

Tab. 5.1 Auswahlmethoden. Die Batches werden durch Intervalle dargestellt, z. B. $[a, b]$. Bei den OML-Ansätzen wird jede Instanz aus dem Intervall zur Vorhersage und Aktualisierung (Training) separat an den Onlinealgorithmus übergeben

Name	Step	Training interval/instances	Training batch size	Model	Prediction interval
BML horizon	1	$[1, s_{\text{train}}]$	s_{train}	$M^{(1)}$	$[s_{\text{train}} + 1, s_{\text{train}} + h]$
	n	$[1, s_{\text{train}}]$	0	$M^{(1)}$	$[s_{\text{train}} + (n-1) \times h + 1, s_{\text{train}} + n \times h]$
BML landmark	1	$[1, s_{\text{train}}]$	s_{train}	$M^{(1)}$	$[s_{\text{train}} + 1, s_{\text{train}} + h]$
	n	$[1, s_{\text{train}} + (n-1) \times h]$	$s_{\text{train}} + (n-1) \times h$	$M^{(n)}$	$[s_{\text{train}} + (n-1) \times h + 1, s_{\text{train}} + n \times h]$
BML window	1	$[1, s_{\text{train}}]$	s_{train}	$M^{(1)}$	$[s_{\text{train}} + 1, s_{\text{train}} + h]$
	n	$[1 + (n-1) \times h, s_{\text{train}} + (n-1) \times h]$	s_{train}	$M^{(n)}$	$[s_{\text{train}} + (n-1) \times h + 1, s_{\text{train}} + n \times h]$
OML horizon	1	$[1, s_{\text{train}}]$	1	$M^{(1)}$	$[s_{\text{train}} + 1, s_{\text{train}} + h]$
	n	$[1, s_{\text{train}} + (n-1) \times h]$	1	$M^{(n)}$	$[s_{\text{train}} + (n-1) \times h + 1, s_{\text{train}} + n \times h]$
OML iter	1	$[1, 1]$	1	$M^{(1)}$	$[2, 2]$
	n	$[n, n]$	1	$M^{(n)}$	$[n + 1, n + 1]$

5.2   Bestimmung des Training- und Testdatensatzes im Paket `spotRiver`

5.2.1 Methoden für Batch Machine Learning und Online Machine Learning

Die BML-Algorithmen benötigen einen Trainingsdatensatz D_{train} der Größe s_{train}, um das Modell anzupassen. Der Testdatensatz D_{test} der Größe s_{test} wird verwendet, um das Modell auf neuen (ungesehenen) Daten zu evaluieren.

Für die vergleichende Bewertung von BML- und OML-Algorithmen werden in dem Paket `spotRiver` fünf verschiedene Methoden zur Verfügung gestellt.

Die in Tab. 5.2 dargestellten vier Auswertungsfunktionen akzeptieren zwei DataFrames als Argumente: einen Trainings- und einen Testdatensatz. Im reinen OML-Umfeld kommt die fünfte Auswertungsfunktion `eval_oml_iter_progressive` zum Einsatz. Diese verwendet nur einen (Test-)Datensatz, da sie die progressive Validierung implementiert. Die Parameter sind in Tab. 5.3 dargestellt.

Tab. 5.2 Auswertungsfunktionen für BML und OML

Auswertungsfunktion	Beschreibung
`eval_bml_horizon`	Abschn. 5.1.3
`eval_bml_landmark`	Abschn. 5.1.4
`eval_bml_window`	Abschn. 5.1.5
`eval_oml_horizon`	Abschn. 5.1.6

Tab. 5.3 Parameter zur Konfiguration der Methoden `eval_bml_horizon`, `eval_bml_landmark`, `eval_bml_window` und `eval_oml_horizon` aus dem Paket `spotRiver`. Zurückgegeben wird ein Tupel aus zwei DataFrames. Der erste enthält die Bewertungsmetriken für jeden Batch der Größe `horizon`. Der zweite enthält die wahren und vorhergesagten Werte für jede Beobachtung im Testdatensatz

Parameter	Beschreibung
`model`	Modell. Regression oder Klassifikation, z. B. von `sklearn`
`train`	Initialer Trainingsdatensatz
`test`	Testdatensatz. Wird in Mini-Batches der Größe „horizon" unterteilt
`target_column`	Name der Spalte der Zielgröße
`horizon`	Vorhersagehorizont
`metric`	Metrik, z. B. von `sklearn`
`oml_grace_period`	Nur für `eval_oml_horizon`. (Kurze) Periode, in der das OML-Modell trainiert wird, ohne Auswertungen. Startup-Phase

Beispiel für die Methode `eval_oml_horizon`

```
from river import linear_model, datasets, preprocessing
from spotRiver.evaluation.eval_bml import eval_oml_horizon
from spotRiver.utils.data_conversion import convert_to_df
from sklearn.metrics import mean_absolute_error
metric = mean_absolute_error
model = (preprocessing.StandardScaler() |
        linear_model.LinearRegression())
dataset = datasets.TrumpApproval()
target_column = "Approve"
df = convert_to_df(dataset, target_column)
train = df[:500]
test = df[500:]
horizon = 10
df_eval, df_preds = eval_oml_horizon(
    model, train, test, target_column,
    horizon, metric=metric)
```

◄

Die Methode `plot_bml_oml_horizon_metrics` visualisiert 1. den Fehler (z.B.
MAE), 2. den Speicherverbrauch (MB) und 3. die Berechnungszeit (s) für verschiedene
Modelle des MLs auf einem gegebenen Datensatz. Die Funktion nimmt eine Liste von
Pandas DataFrames als Eingabe, die jeweils die Metriken für ein Modell enthält. Die Para-
meter der Methode `plot_bml_oml_horizon_metrics` sind in Tab. 5.4 dargestellt.
Abbildung 5.5 zeigt die Ausgabe der Metriken und Abb. 5.6 zeigt die Residuen, also den
Unterschied zwischen den aktuellen (tatsächlichen) und den prognostizierten Werten.

```
from spotRiver.evaluation.eval_bml import (
    plot_bml_oml_horizon_metrics,
    plot_bml_oml_horizon_predictions)
df_labels = ["OML Linear"]
plot_bml_oml_horizon_metrics(
    df_eval,
    df_labels,
    metric=metric)
plot_bml_oml_horizon_predictions(df_preds,
    df_labels,
    target_column=target_column)
```

Tab. 5.4 Parameter zur Konfiguration der Methode `plot_bml_oml_horizon_metrics`

Parameter	Beschreibung
`df_eval`	Eine Liste von Pandas DataFrames, die die Metriken für jedes Modell enthalten. Jeder DataFrame sollte eine Indexspalte mit dem Namen des Datensatzes und drei Spalten mit den Namen der Metriken: „MAE", „Speicher (MB)", „CompTime (s)" enthalten
`df_labels`	Eine Liste von Strings, die die Bezeichnungen für jedes Modell enthält. Die Länge dieser Liste sollte mit der Länge von `df_eval` übereinstimmen. Wenn `None`, werden numerische Indizes als Beschriftungen verwendet. Voreinstellung ist `None`
`log_x`	Ein Flag, das angibt, ob eine logarithmische Skala für die x-Achse verwendet werden soll
`log_y`	Ein Flag, das angibt, ob eine logarithmische Skala für die y-Achse verwendet werden soll
`cumulative`	Ein Flag, das angibt, ob der kumulative Durchschnittsfehler gezeichnet werden soll, wie in `plot_oml_iter_progressive()` und in der `evaluate.iter_progressive_val_score()`-Methode von `river`. Die Zeit wird als kumulative Summe angezeigt (nicht gemittelt). Da der Speicher anders berechnet wird als in `rivers evaluate.iter_progressive_val_score()`, wird der Speicherspitzenwert von `_ , peak = tracemalloc.get_traced_memory()` nicht aggregiert angezeigt. Voreinstellung ist `True`

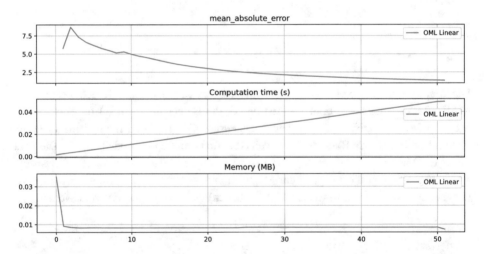

Abb. 5.5 Ausgabe der Methode `plot_bml_oml_horizon_metrics`: Darstellung der Performanz (hier: MAE, der benötigten Zeit und des Speicherbedarfs eines OML-linearen Modells.)

5.2.2 Methoden für Online Machine Learning (River)

Die bisher (in Abschn. 5.2.1) vorgestellten Methoden sind gleichermaßen für die Evaluierung von BML- und OML-Modellen für drei unterschiedliche Datenaufteilungen (1. horizon, 2. landmark und 3. window) konzipiert. In diesem Abschnitt wird mit `eval-oml-iter-progressive` eine Methode vorgestellt, die speziell für die Evaluierung von OML-Modellen auf einem Streamingdatensatz konzipiert ist. Diese basiert auf

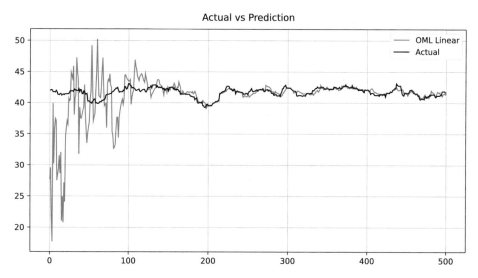

Abb. 5.6 Ausgabe der Methode `plot_bml_oml_horizon_predictions`: Darstellung der vom Modell vorhergesagten Werte und der Grundwahrheit („Actual"). Es wird deutlich, wie sich das OML-Modell im Laufe der Zeit der Grundwahrheit annähert und den zugrunde liegenden Zusammenhang erlernt

einer Methode, die im Paket river verwendet wird. Dadurch wird eine Vergleichbarkeit der Ergebnisse mit denen von river ermöglicht. Sie kann allerdings nicht für die Evaluierung von BML-Modellen verwendet werden.

Die Methode `eval-oml-iter-progressive` evaluiert ein oder mehrere OML-Modelle auf einem Streamingdatensatz. Die Auswertung erfolgt iterativ, und die Modelle werden in jedem „Schritt" der Iteration getestet. Die Ergebnisse werden in Form eines Wörterbuchs mit Metriken und deren Werten zurückgegeben. Tabelle 5.5 zeigt die Parameter der Methode `eval_oml-iter-progressive`.

Die Methode `plot_oml_iter_progressive` visualisiert die Ergebnisse anhand des Dictionary von Auswertungsergebnissen, wie es von `eval_oml_iter_progressive` zurückgegeben wird. Die Darstellung ist angelehnt an die Darstellung in `river`[2]. Abbildung 5.7 zeigt die Ausgabe.

---

[2] Siehe (Incremental decision trees in river: the Hoeffding Tree case)[https://riverml.xyz/0.15.0/recipes/on-hoeffding-trees/].

Tab. 5.5 Parameter zur Konfiguration der Methode `eval_oml-iter-progressive` aus dem Paket `spotRiver`. Zurückgegeben wird ein `dict` (Wörterbuch) mit den Auswertungsergebnissen. Die Schlüssel sind die Namen der Modelle und die Werte sind Wörterbücher mit den folgenden Schlüsseln: `step`: eine Liste von Iterationsnummern, bei denen das Modell bewertet wurde, `error`: eine Liste der gewichteten Fehler für jede Iteration, `r_time`: eine Liste der gewichteten Laufzeiten für jede Iteration, `memory`: eine Liste des gewichteten Speicherverbrauchs für jede Iteration und `metric_name`: der Name der für die Auswertung verwendeten Metrik

Parameter	Beschreibung
`dataset`	Eine Liste von river.Stream-Objekts, die die auszuwertenden Streamingdaten enthält. Wenn ein einzelnes river.Stream-Objekt angegeben wird, wird es automatisch in eine Liste umgewandelt
`metric`	Die Metrik, die für die Auswertung verwendet werden soll
`models`	Ein Wörterbuch der zu bewertenden OML-Modelle. Die Schlüssel sind die Namen der Modelle, und die Werte sind die Modellobjekte
`step`	Die Anzahl der Iterationen, bei denen Ergebnisse erzielt werden sollen. Berücksichtigt werden nur die Vorhersagen und nicht die Trainingsschritte. Der Standardwert ist 100
`weight_coeff`	Die Ergebnisse werden mit `(step/n_steps)**weight_coeff` multipliziert, wobei `n_steps` die Gesamtzahl der Iterationen ist. Ergebnisse vom Anfang haben ein geringeres Gewicht als die Ergebnisse am Ende, wenn `weight_coeff > 1`. Wenn `weight_coeff = 0`, dann werden die Ergebnisse mit 1 multipliziert und jedes Ergebnis hat die gleiche Gewichtung. Der Standardwert ist 0
`log_level`	Die zu verwendende Protokollierungsstufe. 0 = keine Protokollierung, 50 = Ausgabe nur wichtiger Informationen. Standardwert ist 50

```python
from river import datasets
from spotRiver.evaluation.eval_oml import (
    eval_oml_iter_progressive, plot_oml_iter_progressive)
from river import metrics as river_metrics
from river import tree as river_tree
from river import preprocessing as river_preprocessing
dataset = datasets.TrumpApproval()
model = (river_preprocessing.StandardScaler() |
        river_tree.HoeffdingAdaptiveTreeRegressor(seed=1))

res_num = eval_oml_iter_progressive(
    dataset = list(dataset),
    step = 1,
    metric = river_metrics.MAE(),
    models = {"HATR": model}
plot_oml_iter_progressive(res_num)
```

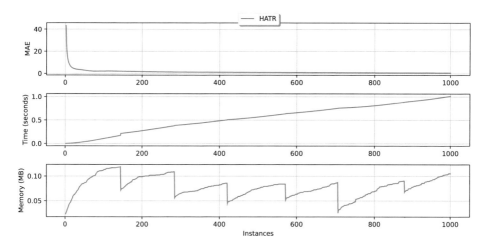

Abb. 5.7 Ausgabe des Befehls `plot_oml_iter_progressive`. Gut sichtbar ist das Speichermanagement des HATR-Modells

---

Notebook

Ein Beispiel zur progressiven Validierung ist im GitHub-Repository https://github.com/sn-code-inside/online-machine-learning zu finden. Es wird dort gezeigt, wie unter Verwendung der Moment- und Verzögerungsparameter in der Methode `progressive_val_score` die verzögerte progressive Validierung eingesetzt werden kann. Es wird ausgenutzt, dass jede Beobachtung im Datenstrom dem Modell zweimal angezeigt wird:

- einmal, um eine Vorhersage zu treffen und
- einmal, um das Modell zu aktualisieren, wenn der wahre Wert aufgedeckt wird.

Der `moment`-Parameter bestimmt, welche Variable als Zeitstempel verwendet werden soll, während der `delay`-Parameter die Wartezeit steuert, bevor dem Modell die wahren Werte offengelegt werden.

> **Tipp**
> Weitere Informationen zur progressiven Validierung sind im Paket river zu finden:
>
> - river: Multi-class classification
> - river: Bike-sharing forecasting
>
> Des Weiteren ist Grzenda et al. (2020) zu nennen, in dem die verzögerte, progressiven Validierung behandelt wird.

5.3   Performanz des Algorithmus/Modells

Nachdem die Trainings- und Testdatenauswahl durchgeführt wurde, kann die Performanz des Algorithmus (bzw. des Modells) geschätzt werden. Hierfür steht eine Vielzahl von Metriken zur Verfügung. Tabelle 5.6 stellt eine Auswahl der in dem Paket `river` verfügbaren Metriken zusammen.

Die Auswahl einer geeigneten Metrik ist für die Analyse von OML-Algorithmen entscheidend. So ist für Klassifikationsaufgaben die Accuracy nur dann eine geeignete Metrik, wenn balancierte Klassen vorliegen. Kappa-Statistiken (siehe Abschn. A.4) sind besser für OML geeignet. Thomas und Uminsky (2022) geben Hinweise zur Auswahl geeigneter Metriken.

Die Berechnung des Speicherbedarfs ist nur auf den ersten Blick einfach. Programmiersprachen wie Python oder R führen selbständig, vom Nutzer nicht kontrollierbar, Speicherverwaltungsroutinen durch. So wird der Garbage Collector nach einem Aufruf nicht sofort ausgeführt, da das Programm eigene Speicheroptimierungsroutinen verwendet und es aus seiner Sicht manchmal günstiger ist, die Daten nicht zu löschen. Auch bestehen vielfältige Abhängigkeiten zwischen einzelnen Objekten, so dass diese nicht einfach gelöscht werden können, selbst wenn dies aus Nutzersicht wünschenswert ist. Diese Bemerkungen sind gleichermaßen für BML- und OML-Verfahren gültig. Nach unseren Recherchen (Austausch mit R-Experten) ist die Abschätzung des Speicherbedarfs in der Programmiersprache R schwieriger als in Python. Dies war einer der Gründe, weshalb die in den Kap. 9 und 10 dargestellten Studien mit Python durchgeführt wurden. Zum Einsatz kam das in Python 3.4 eingeführte Modul tracemalloc.

Tab. 5.6 Metriken im Paket river

river Klasse	Metrik	Kurze Charakteristik
accuracy	Accuracy	Prozentsatz der korrekten Treffer
balanced_accuracy	Balanced accuracy	Durchschnitt des für die Klasse erzielten Recalls, d.h. der Durchschnitt der Richtig-Positiv-Raten für jede Klasse. Sie wird für unausgewogene (unbalanced) Datensätze verwendet
CohenKappa	Cohen's Kappa score	Berechnet den Anteil der Beobachtungen, bei denen beide Klassifikatoren dieselbe Kategorie vorhergesagt haben und die Wahrscheinlichkeiten, die bei einer zufälligen Vorhersage auftreten. Siehe auch Abschn. A.4
cross_entropy	Cross Entropy	Multiklassen-Verallgemeinerung des logarithmischen Verlustes (loss)
f1	F1	Binärer F1-Score
fbeta	Binary F-Beta score	Ein gewichtetes harmonisches Mittel zwischen Präzision und Recall
fowlkes_mallows	Fowlkes-Mallows Index	Externe Bewertungsmethode zur Bestimmung der Ähnlichkeit zwischen zwei Clustern
geometric_mean	Geometric mean	Indikator für die Leistung eines Klassifizierers bei einem Ungleichgewicht zwischen den Klassen
log_loss	Binary logarithmic loss	Gibt an, wie nahe die Vorhersagewahrscheinlichkeit dem entsprechenden tatsächlichen Wert kommt. Wird auch als Kreuzentropie bezeichnet
mae	Mean absolute error	Mittlerer absoluter Fehler
mcc	Matthews correlation coefficient	Berücksichtigt nicht nur einen Eintrag in der Wahrheitstabelle. Auch für unbalancierte Klassen geeignet
mse	Mean squared error	Mittlerer quadratischer Fehler
mutual_info	Mutual Information between two clusterings	Maß für die Ähnlichkeit zwischen zwei Labels derselben Daten
precision	Binary precision score	Maß für die Fähigkeit des Klassifikators, eine Probe als positiv zu kennzeichnen, wenn sie tatsächlich positiv ist
r2	Coefficient of determination (R^2) score	Verhältnis der erklärten Varianz zur Gesamtvarianz
rand	Rand Index	Maß für die Ähnlichkeit zwischen zwei Datenclustern
recall	Binary recall score	Gibt an, wie viele der tatsächlich positiven Fälle vom Modell korrekt als positiv identifiziert wurden
roc_auc	Receiving operating characteristic area under the curve	Diese Implementierung ist eine Annäherung an die wahre ROC AUC
silhouette	Silhouette coefficient	Gibt an, wie gut ein Objekt zu seinem eigenen Cluster passt
smape	Symmetric mean absolute percentage error	Genauigkeitsmaß, das auf der Grundlage von relativen Fehlern berechnet wird
WeightedF1	Weighted-average F1 score	Berechnet den F1-Score pro Klasse und führt dann einen globalen gewichteten Durchschnitt durch, indem er den Support jeder Klasse verwendet

5.4   Datenstrom- und Driftgeneratoren

Die meisten Softwarepakete stellen Funktionen zur Generierung synthetischer Datenströme zur Verfügung (engl. „data-stream generators"). Als Beispiel haben wir die
im Paket `scikit-multiflow` verfügbaren Generatoren in Abschn. 5.4 aufgelistet.
Zudem beschreiben wir die SAE- und Friedman-Drift-Generatoren, die in vielen OML-
Publikationen, die Drift untersuchen, verwendet werden.

5.4.1   Data-Stream-Generatoren in den scikit-Paketen

Beispielsweise stellt das Paket `scikit-multiflow` die folgenden Data-Stream-
Generatoren bereit:

- Sine generator and anomaly sine generator
- Mixed data stream generator
- Random Radial Basis Function stream generator and Random Radial Basis Function
  stream generator with concept drift
- Waveform stream generator
- Regression generator

> **Tipp: Simulation von Konzeptdrift**
> Indem die Beobachtungen sortiert werden, kann Konzeptdrift simuliert werden (Bifet
> und Gavaldà 2009).

5.4.2   SEA-Drift-Generator

Als ein weiterer, häufig in der Literatur zitierter Generator sei SEA beschrieben. Es handelt
sich um einen Generator, der den in Street und Kim (2001) beschriebenen Datenstrom mit
abrupter Drift implementiert. Jede Beobachtung besteht aus drei Merkmalen. Nur die ersten
beiden Merkmale sind relevant. Die Zielgröße ist binär und positiv (wahr), wenn die Summe
der Merkmale einen bestimmten Schwellenwert überschreitet. Es stehen vier Schwellenwerte zur Auswahl. Konzeptdrift kann jederzeit während des Streams durch Umschalten
des Schwellenwerts eingeführt werden.

Im Detail wird der SEA-Datensatz wie folgt erzeugt: Erst werden $n = 60.000$ zufällige
Punkte in einem dreidimensionalen Merkmalsraum erzeugt. Die Merkmale haben Werte
zwischen 0 bis 10, wobei nur die ersten beiden Merkmale (f_1 und f_2) relevant sind. Die n

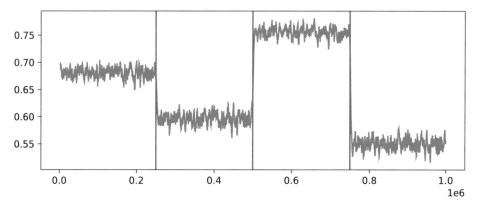

Abb. 5.8 SEA-Daten. Drift. Konzeptänderungen treten nach jeweils 250.000 Schritten auf

Punkte wurden dann in vier Blöcke mit jeweils 15.000 Punkten unterteilt. In jedem Block wird die Klassenzugehörigkeit eines Punkts mittels eines Schwellenwerts τ_i bestimmt, wobei i den jeweiligen Block angibt. Es werden die Schwellenwerte $\tau_1 = 8$, $\tau_2 = 9$, $\tau_3 = 7$ und $\tau_4 = 9{,}5$ gewählt. Zudem werden die Daten verrauscht („We inserted about 10 % class noise into each block of data."), indem 10 % der Klassenzugehörigkeiten vertauscht wurden. Abschließend wird ein Testset ($n_t = 10.000$) bestimmt, das sich jeweils aus 2.500 Datenpunkten, die aus jedem Block stammen, zusammensetzt.

Das Python-Paket river stellt die Funktion SEA zur Verfügung, um die Daten zu erzeugen. Abbildung 5.8 zeigt eine Instanziierung der SEA-Drift-Daten.

5.4.3 Friedman-Drift-Generator

Der in Definition 1.8 eingeführte Friedman-Drift-Generator ist ein weiterer Generator, der häufig in der Literatur zitiert wird (Ikonomovska 2012). Er generiert einen Datenstrom, der die Eigenschaften von Streamingdaten simuliert, die in der Praxis auftreten. Der Generator ist in river als FriedmanDrift implementiert und wird in Abschn. 9.2 verwendet.

5.5 Zusammenfassung

Die Interleaved Test-then-train (bzw. die Prequential Evaluation) ist eine allgemeine Methode zur Bewertung von Lernalgorithmen in Streaming-Szenarien. Interleaved Test-then-train eröffnet interessante Möglichkeiten: Das System ist in der Lage, die Entwicklung des Lernprozesses selbst zu überwachen und seine Entwicklung selbst zu diagnostizieren. Die verzögerte progressive Auswertung ist Gegenstand aktueller Forschung und ermöglicht eine realistische Analyse komplexer Veränderungen in Onlinedatenströmen.

Neben der Güte müssen aber noch andere Kriterien/Metriken berücksichtigt werden, die durch Datenstromeigenschaften auferlegt werden. Der verfügbare Speicher ist eine der wichtigsten Einschränkungen. Ein weiterer Aspekt ist die Zeit, weil Algorithmen die Beispiele so schnell verarbeiten müssen, wie (wenn nicht schneller als) sie ankommen.

Bemerkung
In den simulierten Anwendungen (Kap. 9) werden die folgenden drei Eigenschaften für BML- und OML-Verfahren verglichen:

1. Performanz,
2. Speicherbedarf und
3. Zeitbedarf.

Besondere Anforderungen an OML-Verfahren

6

Thomas Bartz-Beielstein

Inhaltsverzeichnis

Zusammenfassung

Dieses Kapitel untersucht, ob Online-Machine-Learning-Algorithmen (OML-Algorithmen) im Hinblick auf typische Praxisherausforderungen, wie beispielsweise fehlende Daten (Abschn. 6.1), kategorische Attribute (Abschn. 6.2), Ausreißer (Abschn. 6.3), Imbalanced Data (Abschn. 6.4), oder eine extrem hohe Anzahl an Variablen (Abschn. 6.5), besondere Schritte und Überlegungen im Vergleich zu Batch Learning erfordern. Abschnitt 6.6 beschreibt wichtige Aspekte wie Fairness (Fair Machine Learning (ML)) oder Interpretierbarkeit (Interpretable ML) im Kontext von OML-Algorithmen.

T. Bartz-Beielstein (✉)
Institute for Data Science, Engineering, and Analytics, TH Köln, Gummersbach, Deutschland
E-Mail: thomas.bartz-beielstein@th-koeln.de

© Der/die Autor(en), exklusiv lizenziert an Springer Fachmedien Wiesbaden GmbH, ein
Teil von Springer Nature 2024
T. Bartz-Beielstein und E. Bartz (Hrsg.), *Online Machine Learning,*
https://doi.org/10.1007/978-3-658-42505-0_6

6.1   Fehlende Daten, Imputation

Fehlende Werte in einem Datenstrom können in bestehenden OML-Frameworks häufig nur mit Hilfe von sehr einfachen Strategien wie dem Ersetzen fehlender Werte durch Null, Mittelwert, Median oder Modalwert ersetzt (oder „imputiert") werden. Hierfür stellt river die Methode `StatImputer` zur Verfügung. `StatImputer` ersetzt fehlende Werte durch eine Statistik, z. B. durch den Mittelwert der bereits beobachteten Daten. Während eines Aufrufs von `learn_one` wird durch den `StatImputer` für jedes Merkmal eine Statistik aktualisiert, wann immer ein numerisches Merkmal beobachtet wird. Wenn `transform_one` aufgerufen wird, wird jedes Feature mit einem None-Wert durch den aktuellen Wert der entsprechenden Statistik ersetzt.

> **Pipelines in** `river`
> Ab Version 0.19.0 wird durch den Aufruf von `learn_one` in einer Pipeline jeder Teil der Pipeline nacheinander aktualisiert. Details finden Sie unter https://riverml.xyz/0.21.0/releases/0.19.0/.
>
> Die Anwendung der Methoden `learn_one` und `transform_one` in Pipelines wird in Abschn. 8.1.4 beschrieben.

Passgenauere Imputationen können definiert werden, indem für jedes Feature, das imputiert werden soll, ein Tupel bereitgestellt wird, so dass die Statistiken für ein bestimmtes Feature konditioniert werden. Beispielsweise kann ein fehlender Temperaturwert durch die Durchschnittstemperatur einer bestimmten Wetterlage (z. B. Sonne, Regen, Schneefall) ersetzt werden. So können Datensätze ergänzt werden, bei denen Angaben zur Temperatur, aber nicht zur Wetterlage, fehlen. Insgesamt muss aber in Kauf genommen werden, dass für die Imputation auf Datenströmen bislang nur eine deutlich weniger ausgereifte Methodik zur Verfügung steht.

Weiterer Untersuchung bedarf die im Rahmen unserer Experimente beobachtete unterschiedliche Empfindlichkeit bezüglich fehlender Features im Datenstrom für OML- und Batch Machine Learning (BML)-Verfahren: Während sich in der Regel die Güte bei BML-Verfahren durch das Entfernen eines Features verschlechtert, führt dies bei den baumbasierten OML-Verfahren Hoeffding Tree Regressor (HTR) zu keiner signifikanten Verschlechterung. Interessant ist zudem die Beobachtung, dass die Güte fast unabhängig von dem entfernten Feature gegen einen Wert konvergiert. Dieser Wert ist vergleichbar mit der Güte, die von dem BML-Verfahren auf dem vollständigen Datensatz erzielt wird (Bifet et al. 2018).

Standard Datenvorverarbeitungsverfahren
Ähnlich wie beim BML stehen beim OML verschiedene Verfahren zur Datenvorverarbeitung, insbesondere zur Skalierung (Mittelwert null und Standardabweichung eins) und zur Normierung (Bereich von a bis b, typischerweise zwischen null und eins oder minus eins und eins) zur Verfügung.

6.2   Kategorische Attribute

Um kategoriale Variablen in einem Datenstrom zu verarbeiten, stehen die aus dem klassischen BML-Kontext bekannten Verfahren wie die One-Hot-Kodierung zur Verfügung. Interessant ist für OML-Verfahren, dass im laufenden Prozess neue Features oder Level hinzugefügt werden können, ohne dass das Modell von Grund auf neu trainiert werden muss.

6.3   Ausreißer

Standardverfahren zur Anomalieerkennung im OML-Kontext sind die ebenfalls bei BML-Verfahren bekannten Verfahren. Einfache Schwellenwertverfahren wie konstante Schwellenwerte (engl. „constant thresholder") oder Quantil-Schwellenwerte (engl. „quantile thresholder") stehen zur Verfügung.

Konstante und Quantil-Schwellenwerte
Wenn ein konstanter Schwellenwert verwendet wird, das Modell aber keine Werte, die oberhalb dieses konstanten Werts liegen, erkennt, würden überhaupt keine Beobachtungen der Anomalieklasse zugeordnet werden. Hingegen würde ein prozentualer Schwellenwert immer Werte als Anomalien klassifizieren: Ein Quantil-Schwellenwert von 95 % wird immer 5 % der Beobachtungen als Anomalien klassifizieren. ◄

Diese Standardverfahren der Anomalieerkennung benötigen keine Informationen über die Art oder Eigenschaften der Ausreißer. Der Anomalieerkennungsalgorithmus muss lediglich lernen, was normal ist, um Abweichungen zu erkennen (diese können größer oder kleiner als die normalen Werte sein). Wichtig: Das Modell muss keine einzige Anomalie bereits gesehen haben, um eine solche zu erkennen.

6.3.1 Weitere Anomalieerkennungsverfahren für Zeitreihen

Neben diesen einfachen Schwellenwertverfahren gibt es eine Vielzahl weiterer Anoma-
lidetektionsalgorithmen. Aggarwal (2017) beschreibt subtile Unterschiede zwischen den
Offline- und Online-(Streaming-)Einstellungen, da im ersteren Fall die gesamte Historie
des Streams zur Analyse verfügbar ist, wohingegen im letzteren Fall nur der Stream bis zum
aktuellen Zeitpunkt verfügbar ist. In der Offline-Umgebung ermöglicht die Rückschau die
Entdeckung von Ausreißern mit ausgefeilteren Modellen. Labels, die beschreiben, ob eine
Anomalie vorliegt, können verfügbar sein, um den Anomalieerkennungsprozess sowohl in
den Zeitreihen- als auch in den multidimensionalen Ausreißererkennungseinstellungen zu
überwachen. Im Allgemeinen schneiden überwachte Methoden aufgrund ihrer Fähigkeit,
anwendungsspezifische Anomalien zu entdecken, fast immer besser ab als unüberwachte
Methoden. Die allgemeine Empfehlung lautet daher, überwachte Verfahren zu verwenden,
wenn sie verfügbar sind.

Zeitreihen können als kontinuierliche Daten oder diskrete Sequenzen interpretiert werden. Das Konzept der zeitlichen Kontinuität ist für diskrete Daten anders definiert als für
kontinuierliche Daten. Bei diskreten Daten beeinflusst eine fehlende Ordnung der Daten-
werte erheblich die Art der Methoden, die für die Ausreißeranalyse verwendet werden. Für
eine vertiefende Diskussion verweisen wir auf Aggarwal (2017).

6.3.2 One-Class Support Vector Machine zur Anomalieerkennung

Die One-Class Support Vector Machine (SVM) stellt einen unüberwachten Algorithmus
zur Ausreißererkennung dar. Dieser beruht auf dem Klassifizierungsalgorithmus der SVM.
SVMs sind in der Lage, eine nichtlineare Klassifikation zu erzeugen. Die One-Class SVM ist
eine Adaption der regulären SVMs: Während bei klassischen, überwachten SVMs die Klassen (Zielvariablen) angegeben werden müssen, benötigt der One-Class-SVM-Algorithmus
diese Informationen nicht. Er handelt so, als ob sich alle Daten in einer einzigen Klasse
befänden, die den Normalzustand abbildet. Anomalieerkennungsalgorithmen müssen nur
eine Klasse erlernen. Alles, was nicht zu dieser Klasse passt, wird als ein Ausreißer klassi-
fiziert.

6.3.3 Verfügbare Algorithmen zur Anomalieerkennung in `river`

`river` stellt zwei OML-Algorithmen zur Anomalieerkennung zur Verfügung: Eine online
Version von One-Class SVM (`OneClassSVM`) und eine online Version von Isolation
Forests (`HalfSpaceTrees`).

6.4 Unbalancierte (unausgewogene) Daten

Es gibt eine Reihe von Standardansätzen zur Behandlung unbalancierter Daten (Korstanje 2022). Beispielsweise ist hier die „Synthetic Minority Oversampling Technique (SMOTE)"-Methode zu nennen. SMOTE erstellt synthetische (oder „Fake-")Datenpunkte, die den Datenpunkten in der positiven Klasse stark ähneln.

Notebook

Das Jupyter-Notebook im GitHub-Repository https://github.com/sn-code-inside/online-machine-learning/ demonstriert, wie unausgewogene Daten mittels

- Importance Weighting,
- Focal Loss,
- Undersampling der Mehrheitsklasse,
- Oversampling der Minderheitenklasse,
- Sampling mit einer gewünschten Sample-Größe,
- Hybrid

behandelt werden können.

6.5 Große Anzahl an Features (Attributen)

Die Methode `SelectKBest` aus dem Paket river entfernt alle bis auf die k besten Features (Merkmale, Attribute) aus einem Datensatz, indem ein Ähnlichkeitsmaß auf den Features berechnet wird. Ein „Leaderboard" speichert die Ähnlichkeiten der Features.

Als weiteres Verfahren ist ist `PoissonInclusion` zu nennen (McMahan et al. 2013). Dieses Verfahren entscheidet nach dem Zufallsprinzip, ob ein neues Feature hinzugefügt wird. Ein neues Feature wird mit Wahrscheinlichkeit p ausgewählt. Die Häufigkeit, mit der ein Feature gesehen werden muss, bevor es dem Modell hinzugefügt wird, folgt einer geometrischen Verteilung mit dem Erwartungswert $1/p$. Diese Feature-Auswahlmethode sollte verwendet werden, wenn eine sehr große Anzahl von Features vorliegt, von denen nur wenige sinnvoll sind, d. h. in Situationen mit sogenannten „sparse features".

Schließlich kann noch die `VarianceThreshold`-Methode genannt werden, die Features mit geringer Varianz entfernt.

Notebook

Das Jupyter-Notebook im GitHub-Repository https://github.com/sn-code-inside/online-machine-learning/ demonstriert den Einsatz der Methode `SelectKBest` auf einem simulierten Datenstrom, den Einsatz der Methode `PoissonInclusion` auf dem `TrumpApproval`-Datensatz und den Einsatz der Methode `VarianceThreshold` auf einem simulierten Datensatz.

6.6   FAIR, Interpretierbarkeit und Erklärbarkeit

V. Chen et al. (2022) geben eine aktuelle Übersicht zu Interpretierbarkeit in ML. Zhang et al. (2021) beschreiben die erste Onlineversion von Random Forests mit Fairness-Einschränkungen. Diese beinhaltet einen Mechanismus zum Ändern des Trade-offs zwischen Genauigkeit und Fairness, so dass dieser an spezifische Anwendungen angepasst werden kann.

Halstead et al. (2021) beschreiben den Vorteil von OML gegenüber BML bezüglich der Erklärbarkeit, wenn Konzeptdrift auftritt: Die Anpassung an Konzeptdrift erfolgt im BML, indem das aktuelle Modell gelöscht und schrittweise neu erstellt wird. Viele OML-Algorithmen speichern zusätzlich zuvor erstellte Modelle und verwenden sie wieder, um sich effizienter anzupassen, wenn durch die Drift ein zuvor bereits bekannter Zustand wieder angenommen wird (rekurrente Drift). Die Wiederverwendung bietet eine verbesserte Klassifikationsleistung gegenüber dem Neuaufbau eines Modells und bietet einen Indikator für den verborgenen Zustand (dem Kontext K, wie in Definition 1.7 beschrieben) des Generierungsprozesses. Änderungen des Kontextes K können im Allgemeinen nicht beobachtet werden, während die Wiederverwendung eines Modells leicht zu beobachten ist. Indem Kontextänderungen mit einem beobachtbaren Ereignis verknüpft werden, werden sie transparenter. Halstead et al. (2021) definieren das gemeinsame Auftreten von Modellen und Kontexten als die „Transparenz" eines Systems. Die Muster der Modellwiederverwendung, die von einem transparenten System erfasst werden, können für weitere Leistungs- und Erklärungsvorteile genutzt werden. Transparenz kann verwendet werden, um gleichzeitig die Performanz und die Erklärbarkeit zu verbessern.

Zur Erklärbarkeit stellen Borchani et al. (2015) den Kontext anhand latenter Variablen dar. Sie zeigen, dass die Änderungen der latenten Variablen mit den Änderungen der Realdaten zusammenhängen. Als Realdaten werden z. B. Wirtschaftsfaktoren wie Arbeitslosigkeit verwendet. Diese Vorgehensweise könnte verwendet werden, um die von einem System vorgenommenen Anpassungen zu erklären, indem auf eine Änderung in der realen Welt zurückgegriffen wird, oder um reale Faktoren zu identifizieren, die für die Klassifizierungsaufgabe wichtig sind, d. h. die Faktoren, die Drift verursachen.

Regressionsmodelle habe den großen Vorteil, dass in vielen Fällen eine Erklärbarkeit der Zusammenhänge anhand der Modellkoeffizienten möglich ist. Treten allerdings komplexe Effekte auf, wie Interaktionen höherer Ordnung, dann ist dies nicht mehr einfach möglich.

Bäume haben Knoten und diese Knoten werden beim Durchlaufen des Baums basierend auf klar nachvollziehbaren Entscheidungen aufgeteilt. Somit kann einfach der gesamte Baum als Grafik (Dendrogramm) betrachtet werden. Eine Erklärbarkeit des Modells ist durch die Bäume selbst gegeben. Abbildung 6.1 zeigt einen Regressionsbaum, der während eines mit Sequential Parameter Optimization Toolbox (SPOT) durchgeführten Hyperparameter-Tunings erstellt wurde. Ein kompletter Tuningprozess, in dem noch weitere Werkzeuge zur Erklärbarkeit verwendet wurden, wird in Kap. 10 beschrieben.

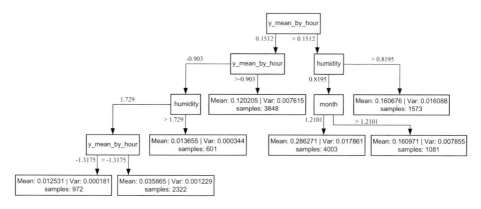

Abb. 6.1 Regressionsbaum. Der Baum modelliert das in Kap. 9 vorgestellte Bike-Sharing-Problem. Der im Wurzelknoten verwendete Hyperparameter `y_mean_by_hour` hat den größten Effekt. Dieses Ergebnis deutet darauf hin, dass die Unterschiede im Verlauf eines Tages größer sind als die Unterschiede zwischen einzelnen Wochentagen oder die durch Witterungsbedingungen hervorgerufenen Änderungen

Durch das mit Hyperparameter Tuning (HPT)-Tools wie SPOT durchgeführte Hyperparameter-Tuning wird die Erklärbarkeit erleichtert, da in der Regel auch die Komplexität der Bäume reduziert wird.

Für komplexe Modelle wie z. B. Wälder, ist es oft zu schwierig, alle Dendrogramme zu betrachten. Hier stellen Schätzungen der „Variable Importance", also der Wichtigkeit von Variablen, eine geeignete Ergänzung oder auch einen möglichen Ersatz dar.

Praxisanwendungen 7

Steffen Moritz, Florian Dumpert, Thomas Bartz-Beielstein und Eva Bartz

Inhaltsverzeichnis

S. Moritz (✉) · F. Dumpert
Statistisches Bundesamt, Wiesbaden, Deutschland
E-Mail: steffen.moritz@destatis.de

F. Dumpert
E-Mail: florian.dumpert@destatis.de

T. Bartz-Beielstein
Institute for Data Science, Engineering, and Analytics, TH Köln, Gummersbach, Deutschland
E-Mail: thomas.bartz-beielstein@th-koeln.de

E. Bartz
Bartz & Bartz GmbH, Gummersbach, Deutschland
E-Mail: eva.bartz@bartzundbartz.de

T. Bartz-Beielstein und E. Bartz (Hrsg.), *Online Machine Learning*,
https://doi.org/10.1007/978-3-658-42505-0_7

Zusammenfassung

Dieses Kapitel beschäftigt sich mit Voraussetzungen, Herausforderungen, Beispielen und Potenzialen von Online-Lernverfahren im Praxiseinsatz, die anhand von Anwendungsbeispielen aufgezeigt werden. Dabei wird speziell anhand des Gebiets der amtlichen Statistik (Abschn. 7.1) näher beleuchtet, welche Potenziale für den tatsächlichen Praxiseinsatz vorhanden sind, aber auch welche Herausforderungen bestehen (Abschn. 7.1.1). Insbesondere wird dabei auf Herausforderungen, Online Machine Learning (OML) mit bestehenden Prozessarchitekturen (Abschn. 7.1.3) und Qualitätssicherungsverfahren (Abschn. 7.1.2) zu vereinen, eingegangen. Um bestehende und perspektivische Anwendungsfälle von OML im Rahmen der amtlichen Statistik aufzuzeigen, wird in Abschn. 7.1.4 die OML-Nutzung in nationalen und internationalen Statistikinstitutionen evaluiert. Ergänzend werden in Abschn. 7.2 ausgewählte Beispiele, die denen der amtlichen Statistik sehr nahe sind, dargestellt. Generelle, für den Praxiseinsatz wichtige Aspekte werden in Abschn. 7.3 kurz zusammengefasst.

7.1 Anwendungen und Anwendungsperspektiven in der amtlichen Statistik

Als amtliche Statistik werden von offiziellen Institutionen erstellte Statistiken zu verschiedenen Themengebieten, zum Beispiel Demografie, Wirtschaft, Umwelt oder Gesundheit, bezeichnet. Konstitutiv ist dabei eine gesetzliche Regelung. In Deutschland sind Produzenten amtlicher Statistiken das Statistische Bundesamt, die Statistischen Ämter der Länder und weitere Institutionen wie beispielsweise die Deutsche Bundesbank, das Umweltbundesamt und das Robert-Koch-Institut. Die fortschreitende Digitalisierung hat in den letzten Jahren die Möglichkeiten der amtlichen Statistik stark erweitert. Insbesondere Machine Learning (ML) kann helfen, zusätzliche Erkenntnisse zu gewinnen und Daten schneller und effizienter zu verarbeiten. Dieser Effizienzgewinn ist teilweise auch notwendig, um es zu ermöglichen, neue Datenquellen z. B. im Bereich Big Data für die amtliche Statistik zu nutzen. Analog zu Bereichen außerhalb der amtlichen Statistik, z. B. der Industrie, benötigt dieser Adaptionsprozess allerdings Zeit und einen schrittweisen Wandel. Die neuen Methoden und Technologien müssen in gewachsene, etablierte Prozesse integriert, mögliche Auswirkungen auf z. B. die Qualität abgeschätzt und Richtlinien und Vorgehensabläufe entsprechend angepasst werden. Dieser Prozess der Etablierung und Formalisierung ist für die amtliche Statistik bereits in vollem Gange (Yung et al. 2022), so dass ML-Lösungen vermehrt im Werkzeugkasten nationaler Statistischer Institute zu finden sind (Beck et al. 2018a).

Als Spezialgebiet des maschinellen Lernens bietet OML noch einmal ganz neue, erweiterte Möglichkeiten, bringt aber eine Reihe zusätzlicher Herausforderungen mit sich. Wie in Abschn. 7.1.1 beschrieben, betrifft dies insbesondere Anwendungsfälle, die auf die schnelle Verarbeitung von großen Datenmengen abzielen. Allerdings sind Ausdefiniertheit und Reifegrad von OML-Prozessen in der amtlichen Statistik nicht mit den gelegten Grundlagen für herkömmliches, batch-basiertes ML zu vergleichen. Wie in Abschn. 7.1.3 beschrieben, sorgt gerade der 'Online-Aspekt', also das fortlaufende Aktualisieren von Modellen, für Herausforderungen bei der Integration von OML in bestehende Strukturen. Während bereits für den normalen Machine-Learning-Einsatz geklärt werden muss (und wird), was nötig ist, um die Qualitätskriterien der amtlichen Statistik zu erfüllen, wirft OML noch einmal eine Reihe zusätzlicher Fragestellungen auf, die beantwortet werden müssen (siehe Abschn. 7.1.2). Dies erklärt auch, warum OML in statistischen Institutionen bislang kaum zum Einsatz kommt, obwohl es, wie in Abschn. 7.1.4 diskutiert, durchaus eine Reihe interessanter, potenzieller Anwendungen gibt, sobald die beschriebenen Problemstellungen hinreichend gelöst sind.

7.1.1 Potenziale und Herausforderungen

Um abzuwägen, wie groß das Potenzial von OML für die amtliche Statistik ist, werden folgende Fragestellungen betrachtet:

1. Was sind aus Praxisperspektive die relevanten Aspekte (Möglichkeiten, Hindernisse) für den Einsatz von OML?
2. Wie kann die amtliche Statistik von diesen neuen Möglichkeiten profitieren?
3. Welche speziellen Probleme und Hindernisse treten im Kontext der amtlichen Statistik auf?

Hierbei ist insbesondere die Betrachtung des Mehrwerts und der zusätzlichen Möglichkeiten im Vergleich zu den etablierten Verfahren des Batch Machine Learning (BML) relevant.

7.1.1.1 Relevante Aspekte für den Praxiseinsatz

Wie den bisherigen Buchkapiteln zu entnehmen ist, ermöglicht OML, einen aufwändigen, rechenintensiven Batch-Lauf am Ende der Datenakquise durch ein kontinuierliches Fortschreiben des Modells zu ersetzen. Dies kann auch genutzt werden, um eine Modellbildung in Fällen, in denen es ansonsten gar nicht möglich wäre, über den kompletten Datensatz zu trainieren (out-of-core), zu ermöglichen. Aber auch für Situationen, in denen es nötig ist, dass sich der Algorithmus dynamisch an leichte Veränderungen der Zusammenhänge im Datensatz (Konzeptdrift) anpasst, ist OML hilfreich. Die Tatsache, dass das Modell bereits, während die Daten nacheinander eingehen, fortgeschrieben wird, ermöglicht es, bereits während des Datenakquiseprozesses das Modell für Vorhersagen zu nutzen.

Zusammengefasst ergeben sich folgende für die Praxis relevante Vorteile:

1. Lastverteilung bei der Rechenzeit (extrem lange Gesamtläufe am Ende können vermieden werden)

2. Verarbeitbarkeit großer Datenmengen (Daten, die nicht in den Arbeitsspeicher passen, können prozessiert werden)
3. Dynamische Anpassung an Konzeptdrift (manuelle Modellanpassung kann vermieden werden)
4. Frühere Nutzbarkeit des Modells (Prädiktionen können weit vor Abschluss der Datensammlung und -aufbereitung erstellt werden)

Jedoch ist offensichtlich, dass sich nicht jedes bisher mit ML bearbeitete Problem zwangsläufig für die Umsetzung als OML-Lösung anbietet. Wie bei den Experimenten in Kap. 9 zu beobachten ist, muss bei OML mit einer Abnahme der Prädiktionsgüte gerechnet werden. Auch bezüglich des Umsetzungsaufwands (siehe Abschn. 7.3) sind herkömmliche BML-Verfahren meist mit weniger Aufwand verbunden. Die Möglichkeit, Prädiktionen bereits zu erstellen, während die Daten fortlaufend eingehen, macht es nötig sicherzustellen, dass das Modell zu diesem Zeitpunkt eine hinreichende Qualität hat. Es benötigt also – im Unterschied zum BML-Ansatz, wo am Ende einmal die Qualität überprüft wird – ein fortlaufendes Qualitätsmonitoring. Der Prozess der Qualitätskontrolle muss somit anders konzipiert werden.

Zusammengefasst ergeben sich folgende für die Praxis relevante Nachteile:

1. Geringere Prädiktionsgüte (im Vergleich zu BML)
2. Höherer Umsetzungsaufwand (Implementierung und Wartung aufwändiger)
3. Aufwändiges Monitoring (kontinuierliche Qualitätskontrolle nötig)

Weiterhin gibt es auch Fälle, auf die das Online-Paradigma grundsätzlich nicht anwendbar ist. So ist es nicht immer der Fall, dass die Daten in sequenzieller Abfolge nacheinander verfügbar werden. Oft gibt es nur einen Gesamtdatensatz, der ab einem Zeitpunkt komplett zur Verfügung steht. In diesen Fällen ergibt die Anwendung von OML lediglich für Out-of-Core-Probleme Sinn, wo die vorhandene Hardware (Speicher) nicht ausreicht, um die Daten zu verarbeiten.

Tipp Praxiseinsatz
Der Einsatz von OML sollte in Anwendungsfällen erfolgen, bei welchen dessen Stärken und zusätzliche Möglichkeiten im Vergleich zu BML zum Tragen kommen. Ein klassisches BML-Problem mit einem OML-Algorithmus umzusetzen, bringt per se keinen Vorteil.

7.1.1.2 Potenziale für die amtliche Statistik

Dass der Einsatz von ML und Big Data großes Potenzial bietet, ist mittlerweile bekannt (Schweinfest und Jansen 2021; Radermacher 2018) und beides wird sicherlich Teil der zukünftigen Entwicklung der amtlichen Statistik sein. Für OML hingegen ist dies noch nicht der Fall. Hier soll deswegen evaluiert werden, welche Potenziale OML für die amtliche Statistik bieten kann, die über die grundsätzlichen Möglichkeiten von BML hinausgehen.

Grundsätzlich passen die Prozesse und Daten der amtlichen Statistik auf den ersten Blick erstaunlich gut zu OML-Prozessen. Zum einen werden die Statistiken in regelmäßigen Abständen immer wieder veröffentlicht. Es handelt sich also nicht um einen einmaligen Prozess – was den Aufwand rechtfertigen würde, ein OML-Modell anzupassen. Auch handelt es sich um Daten, die einen zeitlichen Verlauf haben: Vor jeder weiteren Veröffentlichung kommen wieder neue Daten. Auch Konzeptdrift kann ein Thema sein, z. B. durch Inflation oder andere Gegebenheiten zwischen den Veröffentlichungszeiträumen. Auf den zweiten Blick fällt allerdings auch auf, dass es sich hierbei nicht um das klassische OML-Beispiel von teils sekündlich neu einströmenden Daten handelt. Veröffentlicht wird häufig jährlich, für einzelne Statistiken auch quartalsweise oder monatlich. Auch die benötigten Einzeldaten für die Statistiken strömen vom Grundprinzip zwar teilweise einzeln ein, werden dann aber in der Regel gesammelt aufbereitet (u. a. plausibilisiert). Bei den Prozessschritten, in denen OML relevant wäre, kommen die Daten dann überwiegend nicht mehr als Datenstrom an, sondern als Gesamtlieferung oder in Form großer Teillieferungen.

Dennoch ergeben sich Potenziale für OML in der amtlichen Statistik :

1. Modelle für Out-of-Core-Daten
   Dieser unbestrittene OML-Vorteil kann auch für die amtliche Statistik relevant sein. Neue Datenquellen im Bereich Big Data, wie z. B. Satellitendaten, aber auch bestehende Sammlungen von statistischen Einzelfalldaten, wie z. B. in der Steuerstatistik, können zu groß für den Arbeitsspeicher werden. OML ermöglicht es, Modelle mit den kompletten Daten zu bauen, die dann für eine Automatisierung der Aufbereitung oder für Vorhersagen verwendet werden können.
2. Zeitersparnis in einzelnen Prozessschritten
   Der Statistikaufbereitungsprozess besteht üblicherweise aus mehreren Teilschritten. In diesen Teilschritten können ML-Verfahren zur Anwendung kommen (beispielsweise zur automatischen Plausibilisierung). Ein Auswertungslauf über die Gesamtdaten kann je nach Datenmenge teils mehrere Tage dauern. Wenn OML-Modelle mit bereits verfügbaren Teilmengen trainiert werden, kann die am Ende benötigte Laufzeit reduziert werden und somit auch die Statistikproduktion insgesamt beschleunigt werden.
3. Fließende Prozessschritte
   Der Statistikproduktionsprozess sieht derzeit häufig vor, dass einzelne Schritte vollständig abgeschlossen werden, bevor der Folgeschritt durchgeführt wird. Vielerorts ist dies

auch notwendig, z. B. werden erst alle Daten benötigt, um das BML-Modell zu trainieren. OML und Onlinealgorithmen im Allgemeinen könnten es (zumindest für den ML-Teil) ermöglichen, dass einzelne Daten im Aufbereitungsprozess voranschreiten, ohne dass alle anderen Daten den aktuellen Schritt durchlaufen haben.

4. Fortlaufende Vorveröffentlichungen und Nowcasts

    Nowcasting ist eine Vorhersagemethode, die Prognosen für die Gegenwart bzw. jüngere Vergangenheit erstellt. Anhand von bereits vorhandenen Beobachtungen wird auf eine zu diesem Zeitpunkt noch nicht verfügbare Variable geschlossen. Beispielsweise ist das Bruttoinlandsprodukt (BIP) noch nicht fertig berechnet, aber damit korrelierte Daten sind bereits vorhanden, da der zugrunde liegende Zeitabschnitt schon vorüber ist. OML kann hier verwendet werden, um Nowcasts zu erstellen, die sich in kurzen Abständen aktualisieren. Dies kann helfen, Informationen schneller bereitzustellen, was wiederum bedeutet, dass (politische) Entscheidungen auf der Grundlage der neuesten Daten getroffen werden können.

Zusammenfassend bietet OML also Potenziale für die amtliche Statistik: Statistikbehörden werden in die Lage versetzt, größere Mengen an Daten schneller und effizienter zu verarbeiten. OML ist dabei sowohl für Prozessautomatisierung als auch als Vorhersagemethode in der Form von Nowcasts interessant.

Exkurs: Nowcasting

Nowcasting ist eine Vorhersagemethode, die Prognosen für die Gegenwart bzw. die noch nicht erfasste jüngste Vergangenheit erstellt. Sie grenzt sich von den Methoden des klassischen Forecastings ab. Im Gegensatz zum klassischen Forecasting erstellt das Nowcasting keine Prognosen für die Zukunft, sondern Gegenwartsvorhersagen „am aktuellen Rand". Teilweise reichen die Vorhersagen des Nowcastings in Form von Kurzfristprognosen auch bis in die sehr nahe Zukunft. Deutsche Begriffe für Nowcasting sind Gegenwartsvorhersage oder Jetztvorhersage. In der Ökonomie existieren Prognosemodelle für Echtzeitkonjunkturanalysen, die beispielsweise das deutsche BIP mit Hilfe des Nowcastings noch vor der Veröffentlichung der tatsächlichen Quartalsergebnisse für das laufende Quartal schätzen. Das Prognosemodell wird unter anderem vom Bundesministerium für Wirtschaft und Klimaschutz (BMWK) angewandt und spielt eine wichtige Rolle für kurzfristige Konjunkturanalysen. Es schließt zeitliche Lücken, die dadurch entstehen, dass wichtige Kennzahlen wie das BIP erst mit großer zeitlicher Verzögerung bereitgestellt werden können. In der Regel liegen die Zahlen für das BIP eines Quartals erst mehrere Wochen nach Quartalsende vor. Nowcasting schätzt das BIP der Gegenwart annähernd in Echtzeit.

Links: Einführungen in die Nowcasting-Methodik

- Was ist Nowcasting?, siehe: https://www.bigdata-insider.de/was-ist-nowcasting-a-1032950/
- Nowcasting: Ein Echtzeit-Indikator für die Konjunkturanalyse (BMWK), siehe https://www.bmwk.de/Redaktion/DE/Schlaglichter-der-Wirtschaftspolitik/2019/07/kapitel-1-3-nowcasting-ein-echtzeit-indikator-fuer-die-konjunkturanalyse.html

7.1.1.3 Herausforderungen in der amtlichen Statistik

Beim Einsatz von OML in der amtlichen Statistik können allgemeine und spezifische Probleme auftreten. Eine allgemeine Schwierigkeit besteht darin, dass ein OML-Modell in aller Regel nicht die gleiche Performance erreicht wie ein BML-Modell. Es ist außerdem auch schwieriger, OML in die bestehende IT-Infrastruktur einzubinden, und es sind weniger Softwarelösungen verfügbar, deren Reifegrad darüber hinaus geringer als bei den BML-Pendants ist. Es gibt aber auch Herausforderungen, die, zumindest in ihrer Ausprägung, speziell für die amtliche Statistik relevant sind:

1. Vereinbarkeit mit den Qualitätskriterien
   Um das Vertrauen in die amtliche Statistik zu erhalten, werden strenge methodische Grundsätze und Kriterien angelegt. Es gibt zwischen den Statistikproduzenten, insbesondere zwischen den Statistischen Ämtern des Bundes und der Länder, abgestimmte Qualitätsgrundsätze, die erfüllt werden müssen. Wie in Abschn. 7.1.2 diskutiert, erschwert OML in einzelnen Aspekten die Erfüllung dieser Kriterien.
2. Integration in bestehende Prozesse
   Konstant hohe Qualität erfordert definierte und formalisierte Prozesse. Für die amtliche Statistik gibt es ein über die Zeit gewachsenes Rahmenwerk, welches einzelne Prozessschritte definiert. Wie in Abschn. 7.1.3 beschrieben, verfolgt OML mit dem fortlaufenden Onlineansatz teilweise ein Paradigma, welches mit bestehenden Prozessen nicht ohne Weiteres vereinbar ist.

Einerseits sind diese Herausforderungen charakterisierend für die amtliche Statistik, andererseits gibt es durchaus andere Praxisanwender, die diese Probleme in ähnlicher Form haben. Beispielsweise wird auch in der Industrie bei der Produktion von sicherheitskritischen Bauteilen ähnlich konservativ vorgegangen und Auswirkungen auf definierte Qualitätsgrundsätze werden ausgiebig evaluiert.

7.1.2   Vereinbarkeit mit Qualitätskriterien

Die amtliche Statistik ist Teil des Informationssystems einer Gesellschaft und liefert Parlament und Regierung, der Wirtschaft und der Öffentlichkeit wichtige Daten, die später als Entscheidungsgrundlage dienen. Um das Vertrauen in die amtliche Statistik zu erhalten, wird ein extrem starker Fokus auf die Qualität der Veröffentlichungen gelegt. Um Vergleichbarkeit und Standardisierung zu gewährleisten, geschieht dies in Zusammenarbeit mit nationalen und internationalen Partnern. Im Rahmen dieser Vereinheitlichung sind auf EU-Ebene Qualitätsrahmenwerke definiert, die auf nationaler Ebene in Form von Qualitätshandbüchern ausgestaltet werden (*Quality Assurance Framework of the European Statistical System* 2019; *Qualitätshandbuch der Statistischen Ämter des Bundes und der Länder* 2021).

Dabei handelt es sich um einen umfassenden Katalog, der unter anderem Qualitätsgrundsätze für Prozesse und Produkte festlegt. Außerdem werden auch Richtlinien zu Qualitätskontrolle und Organisation definiert.

Machine Learning selbst wird in den Qualitätshandbüchern nicht explizit erwähnt, hierzu gibt es separate, in Arbeitsgruppen und Gremien abgestimmte Dokumente, die Anforderungen an ML-Lösungen aus den übergreifenden Qualitätsanforderungen abgeleitet haben.

Beispielsweise werden in (Yung et al. 2022), einem im Zuge der UNECE High-Level Group for the Modernisation of Official Statistics (HLG-MOS) entstandenen Dokument, die Anforderungen an ML-Algorithmen so definiert:

- Erklärbarkeit
  Erklärbarkeit ist definiert als die Fähigkeit, die Logik, die dem bei der Vorhersage oder Analyse verwendeten Algorithmus zugrunde liegt, sowie die daraus resultierenden Ergebnisse zu verstehen. Die Erklärbarkeit wird durch die Darstellung der Beziehung zwischen den Eingabe- und Ausgabevariablen und die Bereitstellung der erforderlichen Informationen über die dem Algorithmus zugrunde liegende Methodik erheblich gefördert.
- Genauigkeit
  Die Genauigkeit von statistischen Informationen definiert sich durch das Ausmaß, in welchem diese statistischen Ergebnisse die zu messenden Phänomene korrekt beschreiben. Das heißt, Genauigkeit beschreibt die Nähe von Berechnungen/Schätzungen zu den genauen/wahren Werten, welche die Statistik messen soll.
- Reproduzierbarkeit
  Grundsätzlich ist die Reproduzierbarkeit definiert als die Fähigkeit, Ergebnisse unter Verwendung derselben Daten und desselben ursprünglich verwendeten Algorithmus zu wiederholen. Dies wird als Reproduzierbarkeit der Methoden bezeichnet. Auf einer höheren Ebene wird sie definiert als die Erzielung übereinstimmender Ergebnisse aus neuen Studien unter Verwendung derselben experimentellen Methoden (Reproduzierbarkeit der Ergebnisse) oder ähnlicher Ergebnisse unter Verwendung unterschiedlicher Studiendesigns, experimenteller Methoden oder analytischer Entscheidungen (inferenzielle Reproduzierbarkeit).

- Aktualität und Pünktlichkeit

  Aktualität ist dadurch definiert, dass nach Feststellen eines Bedarfs die Erstellung eines Ergebnisses hinreichend schnell vonstattengeht. Dies umfasst alle Prozesse von der Konzeptualisierung bis zur Erstellung des Algorithmus, der Verarbeitung und der Produktion. Es sollte zwischen der Aktualität der Statistikentwicklung und der Statistikproduktion unterschieden werden, wobei Erstere im Allgemeinen länger dauert als Letztere.

- Wirtschaftlichkeit

  Die Wirtschaftlichkeit ist definiert als der Grad der Wirksamkeit der Ergebnisse im Verhältnis zu ihren Kosten. Zu beachten ist, dass die Gesamtkosten für die Durchführung der Arbeit einschließlich der Fixkosten (für z. B. Infrastruktur und Personalschulung) und der laufenden Kosten (wie z. B. Produktionskosten) berücksichtigt werden sollten. Saidani et al. (2023) ergänzen als weitere Dimension die Robustheit.

Als positiven Punkt kann man OML hier sicherlich **Aktualität** anrechnen. OML ermöglicht es, schneller als mit BML-Verfahren Ergebnisse zu liefern.

Der Punkt **Wirtschaftlichkeit** kann sowohl zu Gunsten als auch zu Lasten von OML ausfallen. Durch die Aufteilung der Berechnungsschritte über einen längeren Zeitraum kann es möglich sein, mit Hardware mit geringerer maximaler Rechenkapazität zu arbeiten. Allerdings ist die Summe der benötigten Rechenzeit über den gesamten Prozess (für eine vergleichbare Modellklasse) höher. Auch beim Personal kann in beide Richtungen argumentiert werden: Einerseits sind OML-Modelle aufwändiger in Betrieb zu nehmen und zu testen. Andererseits kann es durchaus sein, dass diese aufgrund ihrer Fähigkeit, auf Konzeptdrift zu reagieren, seltener angepasst werden müssen. Bei der Überwachung der Modelle fällt mehr Aufwand für OML an, da diese kontinuierlich überwacht werden müssen, bei BML hingegen nur einmal der (erste und einzige) Endlauf. Bei den Kosten gibt es weitere Aspekte, die aber jeweils sehr problemspezifisch und voraussetzungsspezifisch sind und kaum verallgemeinert werden können.

Die **Erklärbarkeit** ist bei OML schlechter als bei BML. Das liegt einerseits daran, dass der zugrunde liegende Prozess (bei gleicher Modellklasse) schwerer nachzuvollziehen ist. Andererseits auch daran, dass für OML noch nicht so viele Softwarewerkzeuge (engl. „software tools") vorhanden sind wie für BML und Auswertungsmöglichkeiten fehlen.

Bei der **Genauigkeit** müssen ebenfalls Abstriche gemacht werden. Wie in Kap. 9 zu sehen, ist, alleine ein konsolidiertes Enddatenset betrachtend, die erwartbare Genauigkeit bei OML eher geringer, wobei für Modelle natürlich immer gilt, dass dies für jeden Einzelfall separat überprüft werden muss.

Die **Reproduzierbarkeit** stellt ein weiteres Problem dar: Um die Ergebnisse des OML-Algorithmus noch einmal reproduzieren zu können, müssten nicht nur die Ursprungsdaten, sondern auch die Reihenfolge, in der diese in den OML-Algorithmus eingingen, gespeichert werden.

Vielen Problemen kann begegnet werden. Beispielsweise könnten sie mit besseren verfügbaren Ergänzungsprogrammen für OML stark abgemildert werden (beispielsweise bei

Reproduzierbarkeit und Erklärbarkeit). Hier zeigt sich aber auch, dass das Software- und Paketökosystem rund um OML noch nicht ausreichend ist. Grundsätzlich existiert jedoch kein hartes Ausschlusskriterium, das OML unvereinbar mit den Qualitätsrichtlinien der amtlichen Statistik machen würde. OML besitzt im Vergleich zu BML ähnliche (wenn auch teils ausgeprägtere) Herausforderungen hinsichtlich der Erfüllung der Qualitätsrichtlinien. Wichtig ist bei einer Prüfung der Kriterien auch, sich am Einzelfall zu orientieren, also jede neue BML- oder OML-Anwendung separat zu prüfen.

Über alle ML-Qualitätsdimensionen zusammenfassend betrachtet, schneidet OML insgesamt etwas schlechter als reines BML ab. Dies unterstreicht unsere Erkenntnis vom Beginn des Kapitels, dass OML keineswegs ein BML-Standardersatz ist. OML sollte vielmehr für Anwendungen in Erwägung gezogen werden, bei denen es seine spezifischen Vorteile ausspielen kann, wie z. B. beim Nowcasting.

7.1.3   Einbettung in den Statistikproduktionsprozess

Um konstante Qualität zu erreichen und vergleichbare Ergebnisse zu produzieren, benötigt es definierte und formalisierte Prozesse. Der Statistikproduktionsprozess beim Statistischen Bundesamt ist hierbei am „Generic Statistical Business Process Model – GSBPM" (2019) orientiert. Das GSBPM beschreibt die Statistikproduktion als einen nicht zwingend sequentiell zu durchlaufenden Prozess (Abb. 7.1). In ähnlicher Weise wie bei den Qualitätsrahmenwerken gibt es den Rahmen innerhalb des Europäischen Statistischen Systems vor und wird von den Nationalen Statistischen Institutionen auf ihre Bedürfnisse hin angepasst (Blumöhr et al. 2017). Es beschreibt den kompletten Statistikproduktionsprozess von der Konzeption bis hin zur Evaluation.

In einer Bestandsaufnahme zur Anwendung von ML-Verfahren über mehrere Statistikinstitutionen hinweg im Jahr 2017 hatten Beck et al. (2018a) ermittelt, in welchen Teilprozessen des GSBPM ML-Lösungen hauptsächlich zum Einsatz kommen (Abb. 7.1). Wenig überraschend betrifft dies im Wesentlichen die Prozesse Collect, Process und Analyse, in welchen Datenverarbeitung stattfindet, die teilweise automatisiert werden kann. Für viele Statistiken läuft der Gesamtprozess so ab, dass die Teilprozesse als Ganzes abgearbeitet werden. Das hat im Sinne der Qualität klare Vorteile, weil einzeln geprüft werden kann, ob der Output des Teilprozesses den spezifischen Qualitätskriterien entspricht. Eine Herausforderung ist es allerdings, OML-Prozesse in dieses gewachsene Framework zu integrieren.

Wenn die Daten hauptsächlich als großer Batch von einem Unterprozess zum nächsten weitergegeben werden, bedeutet dies gleichzeitig auch, dass OML keinen seiner Vorteile (außer Out-of-Core-Computing) ausspielen kann. Einen fließenden Übergang zwischen Teilprozessen zu ermöglichen, so dass sich verschiedene Daten der gleichen Erhebung in unterschiedlichen Teilprozessen befinden können, wäre für viele Statistiken eine sehr große Änderung. Wie beschrieben müsste der Qualitätskontrollprozess z. T. vollständig umkonzipiert werden. Eine Veränderung der Prozesse, in eine für OML-Anwendung günstigere Rich-

GSBPM - Generic Statistical Business Process Model Version 5.0

Quality Management / Metadata Management							
Specify Needs	Design	Build	Collect	Process	Analyse	Disseminate	Evaluate
1.1 Identify needs	2.1 Design outputs	3.1 Build collection instrument	4.1 Create frame & select sample	5.1 Integrate data	6.1 Prepare draft outputs	7.1 Update output systems	8.1 Gather evaluation inputs
1.2 Consult & confirm needs	2.2 Design variable descriptions	3.2 Build or enhance process components	4.2 Set up collection	5.2 Classify & code	6.2 Validate outputs	7.2 Produce dissemination products	8.2 Conduct evaluation
1.3 Establish output objectives	2.3 Design collection	3.3 Build or enhance dissemination components	4.3 Run collection	5.3 Review & validate	6.3 Interpret & explain outputs	7.3 Manage release of dissemination products	8.3 Agree an action plan
1.4 Identify concepts	2.4 Design frame & sample	3.4 Configure workflows	4.4 Finalise collection	5.4 Edit & impute	6.4 Apply disclosure control	7.4 Promote dissemination products	
1.5 Check data availability	2.5 Design processing & analysis	3.5 Test production system		5.5 Derive new variables & units	6.5 Finalise outputs	7.5 Manage user support	
1.6 Prepare business case	2.6 Design production systems & workflow	3.6 Test statistical business process		5.6 Calculate weights		•	
		3.7 Finalise production system		5.7 Calculate aggregates			
				5.8 Finalise data files			

Abb. 7.1 Nutzung ML-Algorithmen in Teilprozessen des GSBPM (ausgegrautes Rot bedeutet keine ML-Nutzung in diesem Teilprozess). (Quelle: Beck et al. (2018a). Based on „Generic Statistical Business Process Model – GSBPM" (2019). This work is licensed under the Creative Commons Attribution 4.0 International License. Attributed to to: *United Nations Economic Commission for Europe (UNECE), on behalf of the international statistical community)*

tung, ist zumindest momentan nicht abzusehen. Aufgrund des beschriebenen schwierigen Zusammenspiels mit den Statistikproduktionsprozessen der klassischen amtlichen Statistik, wird OML vermutlich vorerst eher eine Nischenanwendung bleiben. Seine Vorteile könnte OML momentan nur an den wenigen Stellen wirklich ausspielen, wo einzelne Teilprozesse einen fließenden Übergang zum nächsten Prozess erlauben. Weiterhin bei Anwendungen, die außerhalb der formalisierten Prozesse laufen, beispielsweise Produkte und Erhebungen mit neuen, experimentellen digitalen Daten.

7.1.4 (Online-)Machine-Learning-Anwendungen in Statistikinstitutionen

Als Startpunkt für die Recherche wurden die beiden Dokumente von Dumpert und Beck (2017) und von Beck et al. (2018b) herangezogen. Diese enthalten eine Bestandsaufnahme der Anwendung von ML-Verfahren im Statistischen Bundesamt sowie in nationalen und ausgewählten internationalen Statistikinstitutionen im Jahr 2017. Die Dokumente zeigen eine breite Anwendung von Batch-Learning-Verfahren innerhalb der befragten Institutio-

Tab. 7.1 Institutionen mit mindestens fünf BML-Projekten in 2017

Institution	Anzahl BML-Projekte 2017	Land
Statistics Canada	36	Kanada
Statistisches Bundesamt	31	Deutschland
GESIS	16	Deutschland
U.S. Bureau of Labor Statistics	11	USA
Stats NZ	9	Neuseeland
IAB	8	Deutschland
U.S. Department of Agriculture NAA	7	USA
Federal Statistical Office of Switzerland	6	Schweiz
Australian Bureau of Statistics	6	Australien
Deutsche Bundesbank	5	Deutschland
INSEE	5	Frankreich

nen. Es lässt sich jedoch feststellen, dass in keinem der genannten Projekte bereits Online-Learning-Verfahren zum Einsatz kamen. In einer folgenden Internetrecherche haben wir auf den Webseiten der befragten Institutionen keine Indikatoren dafür gefunden, dass sich das mittlerweile geändert hat. Auch eine Literaturrecherche brachte keine Ergebnisse für die Anwendung von Online-Learning-Verfahren im Zusammenhang mit den Studienteilnehmern von 2017. In Tab. 7.1 sind alle Institutionen enthalten, die mindestens fünf Projekte mit Einsatz von Batch-Machine-Learning durchgeführt haben (zum Befragungszeitpunkt in verschiedenen Stadien von Idee bis hin zu Produktivbetrieb). Diese Statistikinstitutionen könnten somit als „Early Adopters" von Machine-Learning-Verfahren bezeichnet werden. Bei einer erneuten Umfrage sollten die genannten Institutionen zuerst kontaktiert werden.

Zusammenfassend kann gesagt werden, dass uns bislang kein Beispiel aus der amtlichen Statistik bekannt ist, in dem OML im klassischen Statistikerstellungsprozess verwendet wird. Es gibt, wie in Abschn. 7.2 beschrieben, einige Anwendungen, die zumindest einen Bezug zur amtlichen Statistik haben und je nach Aufgabendefinition durchaus auch von einem Nationalen Statistischen Institut durchgeführt werden könnten. Es ist, wie in Abschn. 7.1.3 beschrieben, auch nicht einfach, OML in den klassischen Statistikproduktionsprozess zu integrieren. Gerade im Bereich Nowcasting verspricht OML großes Potenzial dadurch, dass dem Modell einerseits fortlaufend neue Daten hinzugefügt werden können und andererseits zu jedem Zeitpunkt eine Prädiktion, basierend auf dem aktuellen Trainingsstand, abgegeben werden kann. Auch in weniger formalisierten Prozessen, mit neuen digitalen Daten oder Echtzeitindikatoren, könnte OML einen Mehrwert bieten. Hier könnte OML die Verarbeitung beschleunigen, insofern der OML limitierende Faktor wegfällt, dass die Daten hauptsächlich als Batch zwischen den Teilprozessen weitergegeben werden.

Fazit Online Machine Learning in der amtlichen Statistik

OML hat im Bereich der amtlichen Statistik durchaus Potenzial, was allerdings stark dadurch begrenzt ist, dass aktuelle Prozesse in der Statistikproduktion aus nachvollziehbaren Gründen auf Batch-Prozessierung basieren.

So sind die zwei Hauptherausforderungen:

1. Integration in bestehende Prozesse,
2. Vereinbarkeit mit Qualitätskriterien.

Bislang ist uns kein Beispiel aus der amtlichen Statistik bekannt, bei dem OML im klassischen Statistikerstellungsprozess verwendet wird. Das größte kurzfristige Anwendungspotenzial für OML verbirgt sich unserer Meinung nach in den Randgebieten der klassischen amtlichen Statistik. Denkbar sind Anwendungen im Zuge der Nutzung von neuen digitalen Daten, Echtzeitindikatoren und Nowcasting.

7.2 Andere Anwendungen mit Bezug zur amtlichen Statistik

In einer Literaturrecherche zu Anwendungen von Online-Learning-Verfahren in Bezug auf die amtliche Statistik wurden die in Tab. 7.2 geführten Studien gefunden. Diese werden in den folgenden Abschnitten kurz zusammengefasst. Zwar sind nicht alle dieser Anwendungsfälle mit klassischen OML-Verfahren umgesetzt, es handelt sich aber grundsätzlich um Problemstellungen, für die OML sehr gut geeignet wäre.

Tab. 7.2 Mögliche OML-Anwendungsfälle

Thema	Institution	Referenzen
Immobilienpreise	University of Illinois Gies School of Business	Alvarez et al. (2022)
COVID	Ireland's Centre for Applied AI (CeADAR)	Suárez-Cetrulo et al. (2021)
COVID	Osaka University	Kimura et al. (2022)
Wahlstimmungsvorhersagen	Publicis Sapient (Beratungsunternehmen)	Chatterjee und Gupta (2021)
Inflation, BIP	Bundesministerium für Wirtschaft und Klimaschutz	Senftleben und Strohsal (2019)

7.2.1 Immobilienpreise

Alvarez et al. (2022) beschreiben ein baumbasiertes, inkrementelles Lernmodell, um Hauspreise anhand öffentlich verfügbarer Informationen über Geografie, Stadtmerkmale, Transport und zum Verkauf stehender Immobilien zu schätzen. Frühere ML-Modelle erfassen die marginalen Auswirkungen von Immobilienmerkmalen und Lage auf die Preise, indem sie große Datensätze für das Training verwenden. Im Gegensatz dazu ist dieses Szenario auf kleine Datenmengen beschränkt, die täglich verfügbar werden. Daher lernt das OML-Modell aus täglichen Stadtdaten und setzt inkrementelles Lernen ein, um jeden Tag genaue Preisschätzungen bereitzustellen. Die Ergebnisse zeigen, dass die Immobilienpreise stark von den Eigenschaften der Stadt und ihrer Infrastruktur beeinflusst werden und dass sich inkrementelle Modelle effizient an die Art der Hauspreisschätzungsaufgabe anpassen.

7.2.2 Pandemie-Vorhersagen

Pandemie-Vorhersagen sind ein weiteres Anwendungsgebiet, in dem OML-Verfahren eingesetzt werden können. Besonders in der COVID-19-Pandemie waren Vorhersagen von großer Bedeutung, um die Ausbreitung der Krankheit zu verlangsamen und die Auswirkungen auf die Gesellschaft zu minimieren.

7.2.2.1 COVID-19

Suárez-Cetrulo et al. (2021) vergleichen Algorithmen für BML, wie LSTM (Long Short-Term Memory), mit inkrementellen Onlinealgorithmen für maschinelles Lernen, um sie an die täglichen Veränderungen in der Ausbreitung der Krankheit anzupassen und zukünftige COVID-19-Fälle vorherzusagen. Um die Methoden zu vergleichen, wurden drei Experimente durchgeführt:

1. Im ersten wurden die Modelle nur mit Daten aus dem Land trainiert, für das die Vorhersage berechnet wurde.
2. Im zweiten werden Daten aus allen fünfzig Ländern verwendet, um jedes von ihnen zu trainieren und vorherzusagen. Im ersten und zweiten Experiment wurde für alle Methoden ein statischer Hold-out-Ansatz verwendet.
3. Im dritten Experiment wurden die inkrementellen Methoden sequenziell trainiert unter Verwendung einer vorausgehenden Bewertung. Dieses Schema ist für die meisten modernen maschinellen Lernalgorithmen nicht geeignet, da sie für jeden Stapel (Batch) von Vorhersagen von Grund auf neu trainiert werden müssen, was eine hohe Rechenlast verursacht.

Die Ergebnisse zeigen, dass inkrementelle Methoden ein vielversprechender Ansatz sind, um sich an Veränderungen der Krankheit im Laufe der Zeit anzupassen. Sie sind immer auf dem neuesten Stand und haben einen deutlich geringeren Rechenaufwand als andere Techniken wie LSTMs.

7.2.2.2 EpiCast (COVID)

Kimura et al. (2022) stellen mit EpiCast eine Methode zum Datamining und zum Forecasting vor, das auf einer nichtlinearen Differenzialgleichung basiert. Die Methode hat die folgenden Eigenschaften:

1. Effektivität: Sie arbeitet mit großen, sich gemeinsam entwickelnden epidemiologischen Datenströmen und erfasst wichtige weltweite Trends sowie standortspezifische Muster. Das Modell eignet sich für Echtzeit- und Langzeitprognosen.
2. Adaptivität: Sie überwacht inkrementell aktuelle dynamische Muster und identifiziert auch abrupte Änderungen in Datenströmen.
3. Skalierbarkeit: Der Algorithmus hängt nicht von der Datengröße ab und ist daher auf sehr große Datenströme anwendbar. In umfangreichen Experimenten an realen Datensätzen zeigen die Autoren, dass EpiCast die besten bestehenden State-of-the-Art-Methoden hinsichtlich Genauigkeit und Ausführungsgeschwindigkeit übertrifft.

7.2.3 Stimmungsvorhersagen für Wahlen

Chatterjee und Gupta (2021) bauen in ihrer Arbeit ein skalierbares Echtzeit-REST-API-basiertes System mit zweisprachiger, emoji-basierter Mehrklassen-Sentiment-Klassifizierung auf, das aus den folgenden Teilen besteht.

1. Aggregieren von zweisprachigen Wortbezeichnungen in Tweets (mit Emojis) zusammen mit Antworten auf Tweets, unvollständigen und partiellen Tweets. Die Crawling-Technik basiert auf mehreren Hash-Tags (vom System eingeführte und gelernte Hash-Tags).
2. Eine Filtereinheit, die in der Lage ist, häufig retweetete Tweets von Bots oder ungültigen Accounts zu erkennen und auszuschließen.
3. Ein benutzerdefinierter Algorithmus zur Kennzeichnung jedes Worts im Tweet unter Verwendung von bereits bewerteten Datenwörterbüchern durch Vergleich mit benachbarten Wortkennzeichnungen (zweisprachig).
4. Vergleichende Studie von Mehrklassen-Stimmungsvorhersagen für zwei große konkurrierende Parteien mit entgegengesetzten Stimmungen (positiv, negativ) aus demselben Tweet.
5. Inkrementelles Lern-Framework zur Erleichterung des Lernens in Phasen, in denen die Systemgenauigkeit sinkt.

7.2.4 Nowcasting für Wirtschaftsindizes

Aufgrund der aktuellen Krisenlagen sind schnell verfügbare Informationen über die wirt-schaftliche Entwicklung immer schwieriger zu erlangen. Gleichzeitig wächst aber ihre Wich-tigkeit für die Entscheidungsfindung. In diesem Abschnitt werden einige Ansätze vorgestellt, die sich mit der Vorhersage von Wirtschaftsindizes beschäftigen.

7.2.4.1 Nowcast-Modell des BMWK

Senftleben und Strohsal (2019) beschreiben Nowcasting als einen Echtzeitindikator für die Konjunkturanalyse. Ökonometrische Prognosemodelle sind ein wichtiges Hilfsmittel für die kurzfristige Konjunkturanalyse. Das Nowcast-Modell des BMWK erstellt tagesaktuelle technische Prognosen für die wirtschaftliche Entwicklung im laufenden Quartal. Zukünftig soll der Nowcast regelmäßig in den Schlaglichtern der Wirtschaftspolitik als verdichtete Information zur aktuellen Indikatorenlage veröffentlicht und kommentiert werden.

Andreini et al. (2021) entwickeln ein Nowcasting-Modell für die deutsche Wirtschaft. Das Modell übertrifft eine Reihe von Alternativen und erstellt Prognosen nicht nur für das BIP, sondern auch für andere Schlüsselvariablen. Es wird gezeigt, dass die Einbeziehung eines ausländischen Faktors die Leistung des Modells verbessert, während finanzielle Variablen dies nicht tun. Darüber hinaus zeigt eine umfassende Modellmittelung, dass die Faktorenex-traktion in einem einzelnen Modell etwas bessere Ergebnisse liefert als die Mittelung über Modelle hinweg.

Steinberg et al. (2021) schreiben, dass viele relevante Wirtschaftsdaten erst mit Verzö-gerung veröffentlicht werden. Erste amtliche Daten zum Bruttoinlandsprodukt (BIP) stehen erst 30 Tage nach Ablauf des jeweiligen Quartals zur Verfügung. In der Konjunkturana-lyse und -prognose werden daher in der Regel eine Reihe höherfrequenter Konjunkturin-dikatoren ausgewertet, die früher vorliegen als die Quartalsdaten und eine Einschätzung der aktuellen wirtschaftlichen Entwicklung ermöglichen. Darunter sind sowohl monatliche Statistiken beispielsweise zur Produktion oder zur Auftragslage als auch umfragebasierte Stimmungsindikatoren. Weitere Hilfsmittel zur zeitnahen Auswertung sind ökonometrische Nowcasting-Modelle oder Flash-Schätzungen, die aktuelle Indikatoren automatisch auswer-ten und daraus eine rein technische Prognose der wirtschaftlichen Entwicklung im laufenden Quartal berechnen können. Am BMWK erweitert ein solches Modell seit einiger Zeit das bestehende Analyseinstrumentarium; die Ergebnisse werden regelmäßig in den „Schlag-lichtern der Wirtschaftspolitik" des BMWK veröffentlicht und kommentiert.

In den vergangenen Jahren haben Fortschritte im Bereich der künstlichen Intelligenz zusammen mit der Digitalisierung fast aller Lebensbereiche zu neuen Chancen für die makroökonomische Analyse geführt. So können mit speziellen statistischen Methoden aus großen, zunächst häufig unstrukturierten Datenquellen (Big Data) wertvolle neue Informa-tionen gewonnen werden. Das BMWK lotet derzeit mittels eines Forschungsprojekts das

Potenzial solcher Methoden für die Beobachtung, Analyse und Projektion der konjunkturellen Entwicklung in Deutschland aus.

7.2.4.2 Inflation: Online Forecasting

Aparicio und Bertolotto (2020) untersuchen, wie umfragebasierte Prognosen verbessert werden können. Sie stellen Online-Preisindizes vor, um den Verbraucherpreisindex zu prognostizieren. Online-Preisindizes können Änderungen der offiziellen Inflationstrends mehr als einen Monat im Voraus antizipieren. Die von den Autoren erstellten Basisprognosen für einen Monat und zwei Monate im Voraus übertreffen hinsichtlich Genauigkeit die Bloomberg-Umfragen von Prognostikern, die nur die aktuelle Inflationsrate vorhersagen, erheblich. Diese Baselinespezifikation übertrifft auch statistische Benchmarkprognosen für Australien, Kanada, Frankreich, Deutschland, Griechenland, Irland, Italien, die Niederlande, das Vereinigte Königreich und die Vereinigten Staaten. In ähnlicher Weise übertrifft die in Aparicio und Bertolotto (2020) berechnete vierteljährliche Prognose für die US-Inflationsrate durchweg die Survey of Professional Forecasters.

7.3   Aspekte bezüglich des Praxiseinsatzes

Für den Einsatz von OML-Verfahren liegen nur wenige Erfahrungen vor. Daher ist ein Vergleich mit BML-Verfahren zwar schwierig, aber von großem Interesse. In diesem Abschnitt werden einige Aspekte des Praxiseinsatzes von OML-Verfahren diskutiert.

7.3.1   Unterschiede im Deployment-Prozess bei Batch Machine Learning- und Online Machine Learning-Ansätzen

Bei Überlegungen zum OML-Deployment-Prozess liefern die in Abschn. 1.2 geschilderten Probleme, die beim Einsatz von BML-Verfahren auf Onlinedaten auftreten, eine gute Ausgangsbasis. Zunächst ist zu klären, ob OML-Verfahren überhaupt in Betracht gezogen werden sollten. Besteht die Notwendigkeit, weil eines oder mehrere der folgenden Probleme auftreten?

1. Hoher Speicherbedarf,
2. Drift,
3. unbekannte Daten oder
4. Zugänglichkeit der Daten.

Falls diese Notwendigkeit besteht, sollte anschließend überlegt werden, wie der OML-Prozess umgesetzt werden kann und ob ein erfolgreiches Ergebnis realistisch ist. Hierzu sollten die folgenden Punkte in Betracht gezogen werden:

1. Anforderungen an das Ergebnis,
2. Abschätzung der Ressourcen,
3. Eigenschaften der Daten,
4. Eigenschaften der Algorithmen (Hyperparameter).

Diese vier Punkte werden im Folgenden erläutert. Bezüglich der Genauigkeit der Ergebnisse ist zu beachten, dass OML-Verfahren approximative Ergebnisse erzielen. Falls die Daten vollständig zur Verfügung stehen und in Gänze verarbeitbar sind, liefern BML-Verfahren bessere Resultate. Auch wenn OML-Verfahren theoretisch weniger Ressourcen (Speicher, Laufzeit) als BML-Verfahren benötigen, ist dieser Vorteil in der Praxis nicht einfach zu erreichen, da z. B. die Bäume unendlich groß werden können. Somit ist eine geschickte Wahl der Hyperparameter entscheidend für den Einsatz der OML-Verfahren. Zudem ist in vielen Fällen bei Onlinedaten die Datenqualität von noch größerer Bedeutung für die Algorithmen als bei Offlinedaten. Eine passende Datenvorverarbeitung ist essenziell. Für einen echten Onlineeinsatz muss die Datenvorverarbeitung natürlich auch online passieren, was zusätzliche Herausforderungen mit sich bringt. Momentan gibt es außerdem nur eine geringe Anzahl an frei verfügbaren OML-Softwarepaketen. Das river-Paket ist vielversprechend, befindet sich aber noch in der Version 0.21.0 (Stand Dezember 2023).

Überlegungen zum Deployment-Prozess

- Klärung: Sind OML-Verfahren wirklich notwendig?
- Wie schneiden BML-Verfahren ab?
- Wie werden die OML-Hyperparameter eingestellt?
- Kann zunächst auf kleinen Datensätzen getestet werden?
- Wie sieht ein experimentelles Design aus?
- Kommt Literate Programming (z. B. durch die Verwendung von Jupyter-Notebooks zur Dokumentation) zum Einsatz?

7.3.2 Personalaufwand

Zum Personalaufwand bezüglich der Modellaktualisierung im Vergleich zu BML-Verfahren gibt es in der Literatur bislang keine Hinweise. Der Aufwand für die OML-Verfahren ist relativ hoch, da sie nicht „out of the box" einsetzbar sind und problemspezifisch angepasst werden müssen. Grundsätzlich ist auch für OML-Verfahren wichtig, dass Aufwände für Wartung und regelmäßige Kontrolle der Modelle bei der Wirtschaftlichkeitsbetrachtung nicht vernachlässigt werden. Es kann durchaus passieren, dass durch Automatisierung mittels ML eingesparte Personenstunden nahezu eins zu eins als Mehraufwand bei Modell- und Infrastrukturbetrieb wieder hinzukommen. In diesen Fällen müssen nachweisbare weitere Vorteile der ML-Lösung, wie beispielsweise ein schnellerer Prozessdurchlauf, den Einsatz rechtfertigen. Zwar sind bestimmte OML-Modelle bis zu einem gewissen Grad in der Lage, auf Konzeptdrift zu reagieren, trotzdem sollte die Prognosequalität regelmäßig überwacht werden und bei zu starken Abweichungen sollten Anpassungen am Modell vorgenommen werden. Generell wird häufig unterschätzt, wie oft Modelle in der Praxis grundlegend angepasst werden müssen. So ist es nicht selten, dass sich im Laufe der Jahre die Datengrundlage ändert, also z. B. Variablen dazukommen, sich ändern oder ganz wegfallen.

Open-Source-Software für Online Machine Learning

8

Thomas Bartz-Beielstein

Inhaltsverzeichnis

Zusammenfassung

Im Gegensatz zum Batch Machine Learning (BML) gibt es für das Online Machine Learning (OML) nur eine überschaubare Zahl von Open-Source-Softwarepaketen. Dieses Kapitel beschreibt die Verfügbarkeit von Open-Source-Softwarepaketen (insbesondere in R/Python), die OML-Methoden und -Algorithmen bereitstellen, um Aufgaben wie z. B. Regression, Klassifikation, Clustering oder Outlier Detection zu bearbeiten. Abschnitt 8.1 gibt eine Übersicht der Software, an die sich eine Beschreibung der entsprechenden Pakete anschließt. Anschließend gibt Abschn. 8.2 einen vergleichenden Überblick über den Umfang der einzelnen Softwarepakete. Das Kapitel schließt mit einem Vergleich der wichtigsten Programmiersprachen im Bereich Machine Learning (ML) (Abschn. 8.3).

T. Bartz-Beielstein (✉)
Institute for Data Science, Engineering, and Analytics, TH Köln, Gummersbach, Deutschland
E-Mail: thomas.bartz-beielstein@th-koeln.de

© Der/die Autor(en), exklusiv lizenziert an Springer Fachmedien Wiesbaden GmbH, ein Teil von Springer Nature 2024
T. Bartz-Beielstein und E. Bartz (Hrsg.), *Online Machine Learning,*
https://doi.org/10.1007/978-3-658-42505-0_8

8.1   Übersicht und Beschreibung der Softwarepakete

Tabelle 8.1 gibt eine Übersicht der Softwarepakete. Die Paketauswahl besteht aus zwei R-, einem Python- und einem Java-Paket. Das Java-Paket wird aus zwei Gründen mitgeführt: Erstens gehört es zu den ältesten und beliebtesten Open-Source-Softwarepaketen für Data Stream Mining und zweitens hängen beide R-Pakete von ihm ab. Im Folgenden werden die einzelnen Pakete kurz beschrieben.

8.1.1   Massive Online Analysis

Massive Online Analysis (Massive Online Analysis (MOA)) (Bifet et al. 2010) gehört zu den ältesten und beliebtesten Open-Source-Softwarepaketen für Data Stream Mining. Es enthält eine Sammlung von Streamingdatenalgorithmen für überwachtes (Klassifizierung, Regression usw.) und unüberwachtes Lernen (Clustering usw.) in Java. MOA wird von der Universität von Waikato entwickelt. Es bietet eine grafische Benutzeroberfläche, kann aber auch über die Kommandozeile im Terminal oder die Java-Programmierschnittstelle (API) genutzt werden. MOA erhielt bis 2021 mehrere Releases im Jahr. Der letzte Release ist allerdings vom 19. Juli 2021. Seitdem gab es keine weiteren Updates (Stand November 2022).

8.1.2   Massive Online Analysis in R

Massive Online Analysis in R (RMOA) (Wijffels 2014) bildet eine Schnittstelle zwischen der Programmiersprache R und dem Softwarepaket MOA. Das Paket wird in unregelmäßigen Abständen von einer einzelnen Person entwickelt. Das letzte Update wurde im Juli 2022

Tab. 8.1 OML-Open-Source-Software

Software	Sprache	Letzte Aktualisierung	Bemerkungen	Referenzen
MOA	Java	2021	Etabliert, GUI-Option	(Bifet et al. 2018)
RMOA	R	2022	Fokus auf Classification	(Wijffels 2014)
Stream	R	2022	Fokus auf Clustering	(Hahsler et al. 2017b)
River	Python	2022	Aktuell, aktive Entwicklung, Deep Learning	(Montiel et al. 2021)

veröffentlicht. Es muss allerdings berücksichtigt werden, dass Massive Online Analysis in R (RMOA) eine Schnittstelle zur MOA-Version 2014.04 bildet. Dabei handelt es sich um eine veraltete MOA-Version aus dem Jahr 2014, welche sich nicht mehr in der Release-Geschichte der MOA-GitHub-Seite finden lässt. RMOA fokussiert sich bei der Anbindung hauptsächlich auf Klassifikationsmodelle, beinhaltet aber auch einige Regressionsmodelle.

8.1.3 stream

Das R-Paket stream (Hahsler et al. 2017a) stellt neben den Data-Stream-Mining-Algorithmen auch die Möglichkeit des Simulierens und Modellierens von Datenströmen zur Verfügung. Dabei liegt der Fokus auf Clusteringalgorithmen. Es wird, wie das Paket RMOA, von einem Hauptentwickler betreut und es hat in den letzten drei Jahren mindestens einen neuen Release pro Jahr gegeben. Als Erweiterungspaket existiert streamMOA. Diese Erweiterung stellt wie RMOA eine Schnittstelle zu MOA her, um die Clusteringalgorithmen aus MOA in R nutzbar zu machen. Dabei wird der MOA-Release 18.06.0 (Juni 2018) verwendet.

8.1.4 river

In der letzten Zeit gab es eine rasante Entwicklung von OML-Algorithmen für Python. Besonders ist hier das Paket river zu nennen, das im Folgenden näher betrachtet wird.

8.1.4.1 Beschreibung des Pakets

River ist ein relativ neues Python-Paket für OML. Es ist das Ergebnis der Fusion der Pakete Creme und Scikit-Multiflow. Das Scikit-Multiflow-Framework baut auf anderen bekannten Open-Source-Frameworks wie Scikit-Learn, MOA und MEKA auf. Deshalb ist river bereits ein weit entwickeltes Paket, auch wenn es unter diesem Namen sehr neu ist. Mehrere Hauptentwickler arbeiten aktiv an dem Paket. Alleine in 2022 gab es sechs Releases. river unterstützt verschiedene ML-Aufgaben, darunter Regression, Klassifizierung und Clustering. river kann auch für Ad-hoc-Aufgaben verwendet werden, z. B. für die Berechnung von Onlinemetriken und für die Erkennung von Konzeptdrift. In einer Python-Umgebung ist river das benutzerfreundlichste OML-Paket, da es gut mit Python-Dictionaries zusammenarbeitet. Daher lässt es sich leicht im Kontext von Webanwendungen verwenden, in denen JSON-Daten in großer Zahl vorkommen.

8.1.4.2 Besonderheiten des Modelltrainings und der Vorhersage mit river

Pipelines im Paket river verwenden eine spezielle, an das OML angepasste Vorgehensweise, die sich grundlegend von der Vorgehensweise bei BML-Algorithmen unterscheidet. Dadurch ist eine effiziente und flexible Datenvorverarbeitung möglich.

river `learn_one`, `predict_one` **und** `transform_one`

Ab Version 0.19.0 wird durch den Aufruf von `learn_one` in einer Pipeline jeder Teil der Pipeline nacheinander aktualisiert. Zuvor wurden die unüberwachten Teile der Pipeline während `predict_one` aktualisiert. Das neue Verhalten ist intuitiver als das alte Verhalten, das jedoch bessere Ergebnisse liefert. Letzteres kann wiederhergestellt werden, indem `learn_one` mit dem neuen `compose.learn_during_predict`-Kontextmanager aufgerufen wird. Details finden Sie auf der River-Webseite: https://riverml.xyz/0.21.0/releases/0.19.0/ und in den Jupyter-Notebooks aus diesem Buch, die im GitHub-Repository https://github.com/sn-code-inside/ online-machine-learning bereitgestellt werden (Tab. 8.2).

Notebook

Das Jupyter-Notebook im GitHub-Repository https://github.com/sn-code-inside/ online-machine-learning gibt eine Einführung in river. Es zeigt die Verwendung von river anhand eines Beispiels und stellt die wichtigsten Methoden vor.

Tab. 8.2 Überwachte und unüberwachte Schritte und die zugehörigen Methoden des Pakets river am Beispiel der Klassen `StandardScaler` und `LinearRegression` für river bis Version 0.18.0. Ab Version 0.19.0 wird durch den Aufruf von `learn_one` in einer Pipeline jeder Teil der Pipeline nacheinander aktualisiert, siehe: https://riverml.xyz/0.21.0/releases/0.19.0/

Klasse, Methode	Schrittart	Bemerkung
`StandardScaler` `.preprocessing`	Unüberwacht	Transformer: Bearbeitet die Merkmale (X), nicht die Zielgröße (Y). Während eines Aufrufs von `predict_one()` wird für jedes numerisches Merkmal die Statistik (z. B. der Mittelwert) aktualisiert
`LinearRegression` `.linear_model`	Überwacht	Aktualisiert bei Aufruf von `learn_one()` das Modell mit den Informationen der Merkmale (X) und der Zielgröße (Y)

8.2 Softwareumfang

Tabelle 8.3 gibt einen Überblick über den Umfang der einzelnen Softwarepakete. Da die Dokumentationen der Pakete nicht immer aktuell gehalten werden, ist es möglich, dass einzelne Pakete über die Zeit aktuellere Methoden mit aufgenommen haben. Außerdem haben wir die Kategorien der gelisteten Verfahren auf die aus unserer Sicht für OML relevantesten Anwendungsfelder beschränkt. Daher enthält die Tabelle nur Methoden aus den Bereichen Klassifizierung, Clustering und Regression. Die Tab. 8.3 ist sicherlich nicht vollständig, kann aber eine gute Orientierung geben.

MOA stellt für jede Kategorie Methoden bereit, während RMOA insbesondere Methoden zur Klassifizierung und Regression für R zugänglich macht. Stream ist ein eher kleines Paket, welches einige eigene Implementierungen von Clustering-Verfahren mitbringt. Die Erweiterung von stream, streamMOA, stellt außerdem noch die in MOA implementierten Clustering-Verfahren für R zur Verfügung[1]. River ist am breitesten aufgestellt und enthält aus jedem Bereich die wichtigsten Methoden. Es enthält außerdem viele zusätzliche und aktuellere Methoden, welche in den R-Paketen nicht zur Verfügung stehen.

Tab. 8.3 Übersicht des Softwareumfangs

Kategorie	Methode	MOA	RMOA	stream	river
Klassifizierung					
Trees	AdaHoeffdingOptionTree	X	X		
	ASHoeffdingTree	X	X		
	DecisionStump	X	X		
	HoeffdingAdaptiveTree	X	X		X
	HoeffdingOptionTree	X	X		
	HoeffdingTree	X	X		X
	LimAttHoeffdingTree	X	X		
	RandomHoeffdingTree	X	X		
	ExtremelyFastDecsionTree				X
	LabelCombinationHoeffdingTree				X
Regression	LogisticRegression				X
Bayesian	NaiveBayes	X	X		X
	NaiveBayesMultinomial	X	X		X
	Bernoulli				X
	Complement				X
SVM	ALMAClassifier				X
	PAClassifier				X
Active learning	ActiveClassifier	X	X		
Bagging	LeveragingBag	X	X		X

(Fortsetzung)

---

[1] Dies ist in der Tabelle allerdings nicht berücksichtigt.

Tab. 8.3 (Fortsetzung)

Kategorie	Methode	MOA	RMOA	stream	river
	OzaBag	X	X		X
	OzaBagAdwin	X	X		X
	OzaBagASHT	X	X		
Boosting	OCBoost	X	X		
	OzaBoost	X	X		X
	OzaBoostAdwin	X	X		
Stacking	LimAttClassifier	X	X		X
Other	AccuracyUpdatedEnsemble	X	X		
	AccuracyWeightedEnsemble	X	X		
	ADACC	X	X		
	DACC	X	X		
	OnlineAccuracyUpdatedEnsemble	X	X		
	TemporallyAugmentedClassifier	X	X		
	WeightedMajorityAlgorithm	X	X		
	AdaptiveRandomForest				X
	StreamingRandomPatches	X			X
	VotingClassifier				X
	FFMClassifier				X
	FMClassifier				X
	FwFMClassifier				X
	HOFMClassifier				X
	KNNClassifier				X
	StochasticGradientDescent				X
Clustering					
	BICO			X	
	BIRCH			X	
	DBSTREAM			X	X
	DStream	X		X	
	evoStream			X	
	CluStream	X			X
	StreamKM++	X			X
	ClusTree	X			X
	DenStream	X			X
	CobWeb	X			
Regression					
	TargetMean	X	X		
	Perceptron	X	X		X
	FIMTDD	X	X		
	ORTO	X	X		
	LinearRegression				X

(Fortsetzung)

Tab. 8.3 (Fortsetzung)

Kategorie	Methode	MOA	RMOA	stream	river
	AdaptiveRandomForest	X			X
	BaggingRegressor				X
	EWARegressor				X
	StreamingRandomPatches				X
	FFMRegressor				X
	FMRegressor				X
	FwFMRegressor				X
	HOFMRegressor				X
	BayesianLinearRegression				X
	PARegressor				X
	SoftmaxRegression				X
	KNNRegressor				X
	MultiLayerPerceptron				X
	HoeffdingAdaptiveTree				X
	HoeffdingTree				X
	iSOUPTree				X

8.3   Vergleich der Programmiersprachen

Beim Vergleich von Python, R und Julia, den führenden Sprachen für Data Science und ML, wird ersichtlich, dass die R-Community aus erfahrenen Statistikerinnen und Statistikern besteht.

Auf der anderen Seite hat Python mit Bibliotheken wie NumPy, SciPy und Pandas in Statistik und wissenschaftlichem Rechnen aufgeholt und R teilweise in der Benutzerfreundlichkeit überholt. Python sticht in Bezug auf Bibliotheken für maschinelles Lernen hervor. Die folgenden Bibliotheken sind vollständig oder hauptsächlich in Python geschrieben:

- NumPy ist eine Bibliothek für wissenschaftliches Rechnen in Python (Harris et al. 2020). Sie bietet eine effiziente Implementierung von multidimensionalen Arrays und eine große Anzahl von mathematischen Funktionen.
- Scikit-Learn ist in Python und Cython geschrieben[2] (Pedregosa et al. 2011). Es bietet Implementierungen einer sehr großen Menge von Algorithmen zum Trainieren und Evaluieren von Modellen für maschinelles Lernen.
- Statsmodels bietet statistische Tests und Modelle wie das verallgemeinerte lineare Modell (GLM), ARMA und viele mehr (Seabold und Perktold 2010).
- Keras dient zur Interaktion mit TensorFlow und anderen Deep-Learning-Bibliotheken (Chollet 2015; Abadi et al. 2016).

---

[2] Ein Python-Dialekt ähnlich der Programmiersprache C.

Einige der beliebtesten Frameworks für ML sind ebenfalls hauptsächlich in Python geschrieben oder bieten Schnittstellen für Python.

Darüber hinaus ist Python als Allzweck-Programmiersprache ideal. Kurzum:

Zusammenfassender Vergleich

- R ist ideal für statistische Spezialfragen und Grafik (shiny).
- Python ist das „Schweizer Messer" im Bereich Data Science.
- Eine Kombination der beiden Sprachen ist sinnvoll.
- Der Einfluss von Julia ist im Vergleich zu den beiden Platzhirschen nur marginal.

Ein experimenteller Vergleich von Batch- und Online-Machine-Learning-Algorithmen

9

Thomas Bartz-Beielstein

Inhaltsverzeichnis

Zusammenfassung

In diesem Kapitel werden die Ergebnisse der experimentellen Analysen vorgestellt. Die erste Studie (Abschn. 9.1) untersucht die Verwendung von Batch Machine Learning (BML)- und Online Machine Learning (OML)-Modellen für die Vorhersage der Nachfrage nach Fahrrädern in einem Fahrradverleih (engl. „Bike-Sharing-Station"). Die

T. Bartz-Beielstein (✉)
Institute for Data Science, Engineering, and Analytics, TH Köln, Gummersbach, Deutschland
E-Mail: thomas.bartz-beielstein@th-koeln.de

© Der/die Autor(en), exklusiv lizenziert an Springer Fachmedien Wiesbaden GmbH, ein Teil von Springer Nature 2024
T. Bartz-Beielstein und E. Bartz (Hrsg.), *Online Machine Learning*,
https://doi.org/10.1007/978-3-658-42505-0_9

zweite Studie (Abschn. 9.2) untersucht die Verwendung von BML- und OML-Modellen für die Vorhersage, wenn sehr große Datensätze vorliegen, die mit einer Drift versehen sind. Hierfür wird der synthetische Friedman-Drift-Datensatz (siehe Definition 1.8) verwendet. Alle Datensätze wurden mit der `StandardScaler`-Methode standardisiert, so dass die Modelle auf Daten mit Mittelwert null und Standardabweichung eins trainiert wurden.

Entwicklung des Softwarepakets Sequential Parameter Optimization Toolbox for River (spotRiver)

Für die mit river durchgeführten Experimente wird das Softwarepaket spotRiver entwickelt. Die Experimente sind als Notebooks in dem Paket im Ordner `notebooks` zu finden. Für die erste Studie (Abschn. 9.1) wurde das Jupyter-Notebook aus dem GitHub-Repository https://github.com/sn-code-inside/online-machine-learning verwendet. Das für die zweite Studie verwendete Notebook ist ebenfalls dort zu finden.

9.1 Studie: Bike Sharing

Unter dem Titel „Time-related feature engineering" stellt Scikit-Learn[1] ein Beispiel vor, in dem Strategien zur Nutzung zeitbezogener Merkmale für eine Bike-Sharing-Nachfrage-Regressionsaufgabe analysiert werden. In dieser Studie werden die Bike-Sharing-Demand-Daten aus dem OpenML-Repository geladen. Auf der OpenML-Seite[2] werden die Daten wie folgt beschrieben:

> Bike-Sharing-Systeme sind eine neue Generation traditioneller Fahrradverleihsysteme, bei denen der gesamte Prozess von der Mitgliedschaft über den Verleih bis zur Rückgabe automatisch abläuft. Durch diese Systeme kann der Nutzer ein Fahrrad einfach an einem bestimmten Ort ausleihen und an einem anderen Ort zurückgeben. Gegenwärtig gibt es weltweit über 500 Bike-Sharing-Programme, die aus über 500.000 Fahrrädern bestehen. Im Gegensatz zu anderen Verkehrsmitteln wie Bussen oder U-Bahnen werden in diesen Systemen die Dauer der Fahrt sowie die Abfahrts- und Ankunftsposition erfasst. Diese Eigenschaft macht das Bike-Sharing-System zu einem virtuellen Sensornetzwerk.

---

[1] https://scikit-learn.org/stable/auto_examples/applications/plot_cyclical_feature_engineering.html
[2] https://www.openml.org/search?type=data&sort=runs&id=42713&status=active

Tab. 9.1 Attribute des Bike-Sharing-Datensatzes

Attribut	Beschreibung
season	Jahreszeit (1:Frühling, 2:Sommer, 3:Herbst, 4:Winter)
yr	Jahr (0:2011, 1:2012)
mnth	Monat (1 bis 12)
hr	Stunde (0 bis 23)
holiday	Feiertag[4]
weekday	Wochentag
workingday	Werktag (weder Wochenende noch Feiertag)
weathersit[5]	Wetterlage (1: Klar, wenig Wolken, teilweise bewölkt 2: Nebel + bewölkt, Nebel + aufgelockerte Wolken, Nebel + wenig Wolken, Nebel 3: Leichter Schnee, leichter Regen + Gewitter + vereinzelte Wolken, leichter Regen + vereinzelte Wolken 4: Starker Regen + Hagel + Gewitter + Nebel, Schnee + Nebel)
temp	Temperatur in Celsius
atemp	Gefühlte Temperatur in Celsius
hum	Luftfeuchtigkeit
windspeed	Windgeschwindigkeit
casual	Anzahl der gelegentlichen Nutzer
registriert	Anzahl der registrierten Benutzer
count	Zielgröße: Anzahl der gesamten Leihfahrräder, einschließlich Gelegenheitsnutzer und registrierte Nutzer

Der Verleih von Fahrrädern ist in hohem Maße von der Umgebung und den jahreszeitlichen Gegebenheiten abhängig. Wetterbedingungen, Niederschlag, Wochentag, Jahreszeit und Tageszeit beeinflussen das Ausleihverhalten. Der Datensatz beruht auf den Protokollen der Jahre 2011 und 2012 des Capital Bikeshare System, Washington D.C., USA[3].

Die Daten wurden von Fanaee-T und Joao Gama (2014) aggregiert und durch die entsprechenden Wetter- und saisonalen Informationen ergänzt[6]. Der gesamte Datensatz umfasst 17.379 Beobachtungen. Als Zielgröße wird die Größe count ausgewählt. Die Daten werden in Tab. 9.1 beschrieben.

---

[3] Die Daten sind unter http://capitalbikeshare.com/system-data öffentlich zugänglich.

[4] Entnommen aus http://dchr.dc.gov/page/holiday-schedule.

[5] Da es nur drei „heavy_rain"-Ereignisse gibt, vereinfachen wir die Darstellung, indem wir diese mit den Einträgen in der Kategorie „rain" zusammenfassen.

[6] Die Wetterdaten wurden von http://www.freemeteo.com extrahiert.

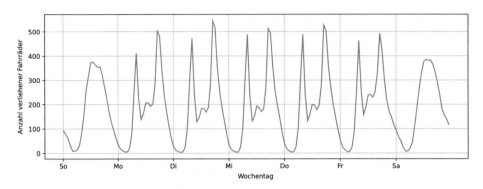

Abb. 9.1 Durchschnittliche Anzahl der Fahrradvermietungen im Laufe einer Woche

Abbildung 9.1 stellt die durchschnittliche Nachfrage während einer Woche dar. Wir können deutlich zwischen dem Pendelverkehr am Morgen und am Abend an den Arbeitstagen und der Freizeitnutzung der Fahrräder am Wochenende unterscheiden, wenn die Nachfragespitzen gegen Mittag auftreten.

Abbildung 9.2 zeigt die Korrelationen der Merkmale mit der Zielgröße. Das Ziel des Vorhersageproblems ist die absolute Zahl der stündlichen Fahrradverleihvorgänge für die darauffolgenden sieben Tage. Wir skalieren die Zielvariable (Anzahl der stündlichen Fahrradverleihungen), um eine relative Nachfrage vorherzusagen, so dass der mittlere absolute Fehler leichter als ein Bruchteil der maximalen Nachfrage interpretiert werden kann.

Wir teilen die Daten in 60 % für das Training und 40 % für die Tests auf. Somit stehen 10.427 Trainings- und 6.952 Testdatensätze zur Verfügung. Die Daten behalten ihre ursprüngliche Reihenfolge.

	year	month	hour	weekday	temp	feel_temp	humidity	windspeed	count
year									
month	-0.010473								
hour	-0.003867	-0.005772							
weekday	-0.004485	0.010400	-0.003498						
temp	0.040913	0.201691	0.137603	-0.001795					
feel_temp	0.039222	0.208096	0.133750	-0.008821	0.987672				
humidity	-0.083546	0.164411	-0.276498	-0.037158	-0.069881	-0.051918			
windspeed	-0.008740	-0.135386	0.137252	0.011502	-0.023125	-0.062336	-0.290105		
count	0.250495	0.120638	0.394071	0.026900	0.404772	0.400929	-0.322911	0.093234	

Abb. 9.2 Bike-Sharing-Korrelationen. Es sind keine Auffälligkeiten zu erkennen

Unterschiedliche Metriken

Der Fit der Modelle minimiert den mittleren quadratischen Fehler (Mean Squared Error (MSE)), um den bedingten Mittelwert zu schätzen, und nicht den mittleren absoluten Fehler (Mean Absolute Error (MAE)), der einen Schätzer des bedingten Medians anpassen würde. Wenn wir in der Diskussion über die Leistungsmessung auf dem Testdatensatz berichten, konzentrieren wir uns stattdessen auf den MAE, der intuitiver als der MSE ist. Es ist jedoch zu beachten, dass in dieser Studie die besten Modelle für die eine Metrik auch die besten für die andere sind.

9.1.1 Modellübersicht

Die in Tab. 9.2 dargestellten BML- und OML-Modelle wurden in dieser Studie verwendet:

Bei der Auswahl der Modelle wurde berücksichtigt, dass für jede Kategorie (BML bzw. OML) jeweils ein einfaches und ein komplexeres Modell verwendet wird. Bei den OML-Modellen wurde zudem berücksichtigt, dass der Einfluss einer Drifterkennungsmethode (hier: ADWIN) analysiert werden kann.

9.1.2 Lineare Regression

Als das einfachste Modell verwenden wir eine lineare Regression, die als Standardverfahren der klassischen Statistik allgemein akzeptiert und gut verständlich ist.

Tab. 9.2 Modelltypen und Implementierungen

Modell	Implementierung	Referenz
Lineare Regression	sklearn: `RidgeCV`	(Pedregosa et al. 2011)
Gradient Boosting	sklearn: `HistGradientBoostingRegressor`	(Pedregosa et al. 2011)
Lineare Regression	river: `LinearRegression`	(Montiel et al. 2021)
Hoeffding Tree	river: `HoeffdingTreeRegressor`	(Montiel et al. 2021)
Hoeffding Adaptive Tree	river: `HoeffdingAdaptiveTreeRegressor`	(Bifet und Gavaldà 2009) (Montiel et al. 2021)

9.1.2.1 Batch Machine Learning Lineare Regression

Aus Gründen der Konsistenz skalieren wir die numerischen Merkmale mit `sklearn.preprocessing.MinMaxScaler` auf das Intervall von null bis eins, obwohl dies in diesem Fall keinen großen Einfluss auf die Ergebnisse hat, da sie bereits auf vergleichbaren Skalen liegen. Wir verwenden `Ridge regression with built-in cross-validation` von `sklearn` (`RidgeCV`). Hierbei (und bei allen weiteren BML-Beispielen) übernehmen wir die auf scikit-learn: Machine Learning in Python (sklearn)[7] dargestellte Modellierung.

```
categorical_columns = [
    "weather",
    "season",
    "holiday",
    "workingday",
]
categories = [
    ["clear", "misty", "rain"],
    ["spring", "summer", "fall", "winter"],
    ["False", "True"],
    ["False", "True"],
]
one_hot_encoder = OneHotEncoder(handle_unknown="ignore",
    sparse_output=False)
alphas = np.logspace(-6, 6, 25)
linear_pipeline = make_pipeline(
    ColumnTransformer(
        transformers=[
            ("categorical",
                one_hot_encoder,
                categorical_columns),
        ],
        remainder=MinMaxScaler(),
    ),
    RidgeCV(alphas=alphas),
)
```

---

[7] https://scikit-learn.org/stable/auto_examples/applications/plot_cyclical_feature_engineering.html

9.1.2.2 Online Machine Learning Lineare Regression

Die Modellierung des OML-linearen Regressionsmodells folgt dem Beispiel „Bike-sharing forecasting" aus dem Paket river[8]. In diesem Beispiel wird die Nachfrage nach Fahrrädern an fünf Fahrradstationen in der Stadt Toulouse prognostiziert. Der Datensatz enthält 182.470 Beobachtungen.

Wir haben uns aus zwei Gründen für den sklearn-Datensatz entschieden: Erstens sind die von sklearn verwendeten Beispiele weit verbreitet und zweitens sollte sich ein neues Verfahren (in diesem Fall river) im Vergleich an den etablierten Verfahren (sklearn) messen lassen, wozu die Standards der etablierten Verfahren als Messlatte dienen.

```
oml_linear_model = compose.Select(
    'humidity',
    'temp',
    'feel_temp',
    'windspeed')
oml_linear_model += (
    feature_extraction.TargetAgg(
        by=['hour'],
        how=stats.Mean())
)
oml_linear_model |= preprocessing.StandardScaler()
oml_linear_model |= linear_model.LinearRegression()
```

Schritt-für-Schritt Nachverfolgung des OML-Prozesses

Wir können die Methode debug_one verwenden, um zu sehen, was mit einer bestimmten Instanz passiert. Wir trainieren das Modell mit den ersten 1.000 Beobachtungen und rufen dann debug_one mit der nächsten auf. Die Methode debug_one zeigt, was mit einem Eingabesatz von Merkmalen Schritt für Schritt geschieht.

---

[8] https://riverml.xyz/0.15.0/examples/bike-sharing-forecasting/

```
Input
--------

feel_temp: 22.72500 (float)
holiday: False (str)
hour: 8 (int)
humidity: 0.82000 (float)
month: 4 (int)
season: summer (str)
temp: 18.86000 (float)
weather: rain (str)
weekday: 4 (int)
windspeed: 12.99800 (float)
workingday: True (str)
year: 1 (int)


LinearRegression
------------------

Name              Value       Weight      Contribution
    Intercept     1.00000     0.24210         0.24210
y_mean_by_hour    1.23551     0.17709         0.21880
    windspeed    -0.14590    -0.01982         0.00289
         temp    -0.16870     0.00672        -0.00113
    feel_temp    -0.11330     0.01813        -0.00205
     humidity     1.08461    -0.01596        -0.01731


Prediction: 0.44329
```

9.1.2.3 Vergleich der Batch Machine Learning- und Online Machine Learning-linearen Modelle auf dem Bike-Sharing-Datensatz

Das experimentelle Design vergleicht Modelle aus zwei verschiedenen Kategorien, BML und OML, für die jeweils Referenzimplementierungen verwendet werden. Es werden somit Standards verglichen, die jeweils eine unterschiedliche Datenaufbereitung (Featuregenerierung) verwenden.

Für die Auswertung kommen die in Kap. 5 beschriebenen Verfahren `eval_bml_horizon`, `eval_bml_landmark` und `eval_bml_window` zum Einsatz, die einen Vergleich von BML- und OML-Algorithmen erlauben. Als Fehlermaß wird der MAE[9] gewählt. Das OML-lineare Modell wird mit Hilfe der Funktion `eval_oml_horizon`

---

[9] metric = mean_absolute_error

ausgewertet, die ebenfalls in Kap. 5 beschrieben wurde. Es stehen die Werte für den Fehler, den Zeit- und den Speicherbedarf zur Verfügung. Die Ergebnisse der Vergleichsexperimente können zusammenfassend mit den Funktionen `plot_bml_oml_horizon_metrics` und `plot_bml_oml_horizon_predictions` visualisiert werden.

Die Ergebnisse sind in Abb. 9.3 zu sehen. Abbildung 9.4 vergleicht die von den Modellen vorhergesagten Werte mit den tatsächlichen Werten. Damit wird ein mikroskopischer Blick auf einen Ausschnitt der Daten ermöglicht, der Stärken und Schwächen der einzelnen Modelle im Detail offenbart.

Die Experimente zeigen, dass das OML-lineare Modell (dargestellt durch die *roten* Linien in Abb. 9.3) für alle Metriken (Fehler, Zeit- und Speicherbedarf) bessere Ergebnisse als das BML-lineare Modell erzielt.

9.1.3 Gradient Boosting

Zusätzlich zu dem Vergleich der BML- und OML-linearen Modelle wird ein Gradient-Boosting-Modell in den Vergleich aufgenommen (Friedman 2001). Gradient Boosting zählt derzeit zu den erfolgreichsten Modellen im BML, benötigt aber im Vergleich zu linearen Modellen mehr Rechenzeit und Speicherplatz. Zum Einsatz kommt der „Histogram-based-Gradient Boosting Regression Tree (gbrt)"-Algorithmus von

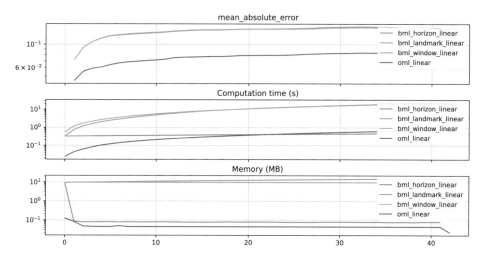

Abb. 9.3 Bike-Sharing. Vergleich des Fehlers (MAE), der Zeit und des Speicherbedarfs der vier linearen Regressionsmodelle. Das BML-lineare Modell wird mittels der Horizon-, der Landmark- und der Window-Metrik ausgewertet. Das OML-lineare Modell wird mittels der OML-Horizon-Metrik ausgewertet

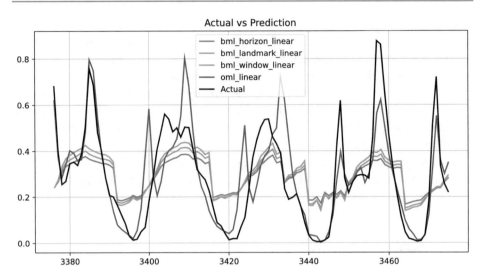

Abb. 9.4 Bike-Sharing-Residuen. Vergleich der vier linearen Regressionsmodelle. Die Residuen werden auf einem Intervall der Größe 100 berechnet, das in der Mitte des Testdatenzeitraums liegt

sklearn [10]. Gbrt ist bei großen Datensätzen (`n_samples >= 10_000`) schneller als `GradientBoostingRegressor`. Diese Implementierung ist von LightGBM (Ke et al. 2017) inspiriert. Für die Datenvorverarbeitung wird, ähnlich wie bei den linearen Modellen, die State-of-the-Art-Implementierung verwendet, die auf sklearn wie folgt beschrieben ist:

> Gradient-Boosting-Regression mit Entscheidungsbäumen ist oft flexibel genug, um heterogene Tabellendaten mit einer Mischung aus kategorialen und numerischen Merkmalen effizient zu verarbeiten, solange die Anzahl der Stichproben groß genug ist. Hier führen wir eine ordinale Kodierung für die kategorialen Variablen durch und teilen dem Modell dann mit, dass es diese als kategoriale Variablen behandeln soll, indem wir eine spezielle Baumaufteilungsregel verwenden. Da wir einen ordinalen Kodierer verwenden, übergeben wir die Liste der kategorialen Werte explizit, um bei der Kodierung der Kategorien als ganze Zahlen eine logische Reihenfolge anstelle der lexikografischen Reihenfolge zu verwenden. Die numerischen Variablen müssen nicht vorverarbeitet werden.

---

[10] https://scikit-learn.org/stable/modules/generated/sklearn.ensemble.HistGradientBoosting Regressor.html

```
ordinal_encoder = OrdinalEncoder(categories=categories)
gbrt_pipeline = make_pipeline(
    ColumnTransformer(
        transformers=[
            ("categorical", ordinal_encoder, categorical_columns),
        ],
        remainder="passthrough",
        verbose_feature_names_out=False,
    ),
    HistGradientBoostingRegressor(
        categorical_features=categorical_columns,
    ),
).set_output(transform="pandas")
```

9.1.3.1 Die Auswertungsfunktionen

Der Vergleich von Performanz, Zeit- und Speicherbedarf für gbrt wird mit Hilfe der drei Auswertungsfunktionen `eval_bml_horizon`, `eval_bml_landmark` und `eval_bml_window`, wie dies bereits bei den BML-linearen Modellen in Abschn. 9.1.2 geschah, durchgeführt. Wir vergleichen die Performanz von gbrt mit der Performanz des besten linearen Modells, dem OML-linearen Modell aus Abschn. 9.1.2. Dieses wurde mit Hilfe der Funktion `eval_oml_horizon` ausgewertet.

9.1.3.2 Vergleich Batch Machine Learning-Gradient Boosting mit Online Machine Learning-linearen Modell

Abbildung 9.5 vergleicht die Performanz des BML-Verfahrens gbrt mit der Performanz eines einfachen OML-linearen Modells. Innerhalb der drei gbrt-Modellierungen sind Unterschiede zu erkennen: Am besten schneiden die landmark- und window-basierten gbrt-Modelle ab. Diese reduzieren den MAE um ca. 50 % im Vergleich zum OML-linearen Modell. Das landmark-basierte gbrt-Modell erzielt einen schlechteren MAE, der aber immer noch besser als der des OML-linearen Modells ist. Die Zeit- und Speicherbedarfe sind bei den landmark- und window-basierten gbrt-Modellen höher als bei dem horizon-basierten gbrt- und dem OML-linearen Modell.

Aus diesen Ergebnissen zeigt sich ein deutlicher Trade-off zwischen Modellierungsgüte und Ressourcenbedarf. Die beiden besten gbrt-Modelle benötigen mehr Ressourcen als das OML-lineare Modell, liefern aber bessere Ergebnisse. Das schlechteste gbrt-Modell erzielt bessere Ergebnisse als das OML-lineare Regressionsmodell.

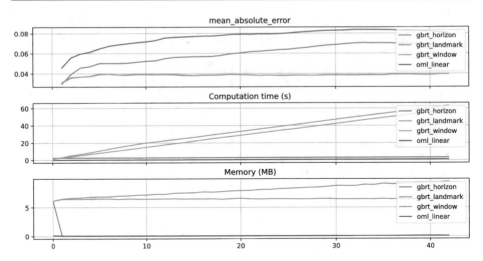

Abb. 9.5 Bike-Sharing-Metriken. Drei verschiedene Auswahlmethoden (horizon, landmark und window, siehe Abschn. 5.1) des BML-Gradient-Boosting-Verfahrens gbrt im Vergleich mit dem OML-linearen Modell aus Abschn. 9.1.2. Gradient Boosting liefert die besten Ergebnisse bezüglich des Fehlermaßes, benötigt dafür aber mehr Speicher und Zeit

Zeit- und Speicherbedarf
Der von den „besten" BML-gbrt-Modellen benötigte Speicher ist nicht konstant und deutlich höher als der von den OML-linearen Modellen. Durch die Verwendung eines window-basierten Modells können auch für die gbrt-Verfahren konstante Zeit- und Speicherbedarfe erreicht werden, die vergleichbar mit dem Ressourcenbedarf des OML-Modells sind. Dies geht jedoch auf Kosten der Modellierungsgüte.

Abbildung 9.6 zeigt die zugehörigen Residuen. Das landmark-basierte gbrt-Modell (dargestellt in *orange*), dem die historischen und die aktuellen (und damit die meisten) Daten zur Verfügung stehen, erzielt das beste Resultat, benötigt aber auch die meisten Ressourcen. Das OML-lineare Modell (dargestellt in *rot*) schießt manchmal über das Ziel hinaus. Dahingegen verhält sich das horizon-basierte gbrt-Modell (dargestellt in *blau*) relativ konservativ. Insgesamt ist zu beobachten, dass alle Modelle in der Lage sind, ein gutes Modell zu fitten. Die Residuen sind in der Regel klein und die Vorhersagen sind in der Regel ziemlich genau.

9.1.4 Hoeffding-Regressionsbäume

Nach dem Vergleich der einfachen OML-Verfahren mit einem komplexen BML-Verfahren untersuchen wir nun die Performanz eines komplexen OML-Verfahrens. Dazu verwen-

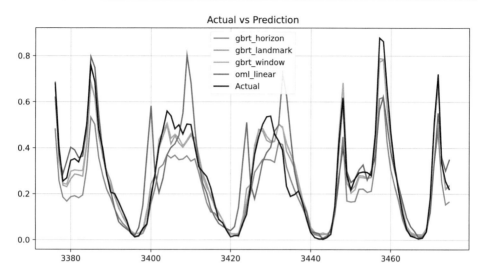

Abb. 9.6 Bike-Sharing-Residuen auf einem Ausschnitt der Daten. Die schwarze Linie („Actual") zeigt die Grundwahrheit. Gezeigt werden die Vorhersagen der drei gbrt-Varianten (horizon, landmark und window) des gbrt-Modells und zusätzlich zum Vergleich die Vorhersagen des OML-linearen Modells

den wir die in Abschn. 2.1.3.1 eingeführten OML-Hoeffding-Regressionsbäume. Bei den Hoeffding-Bäumen haben wir mit Hoeffding Tree Regressor (HTR) und Hoeffding Adaptive Tree Regressor (HATR) zwei verschiedene OML-Verfahren (ohne und mit der Drifterkennung ADWIN) ausgewählt.

Zunächst vergleichen wir die OML-Verfahren untereinander, d. h., wir vergleichen die Hoeffding-Bäume mit dem linearen Modell aus Abschn. 9.1.2.2. Abbildung 9.7 vergleicht die Performanz und den Ressourcenbedarf der OML-Verfahren HTR, HATR und des linearen Modells. Auffällig ist, dass das lineare Modell den geringsten Ressourcenbedarf hat und die besten Ergebnisse liefert. An dieser Stelle ist kein Trade-off zwischen Modellierungsgüte und Ressourcenbedarf zu beobachten. Der HATR ist der „Verlierer" in diesem Vergleich: durch den Einsatz von ADWIN ist der HATR deutlich langsamer als das lineare Modell (und auch gegenüber HTR) und liefert schlechtere Ergebnisse. Dieses Ergebnis verdeutlicht, dass es nicht immer sinnvoll ist, einen Algorithmus mit Extra-Features zu wählen, wenn die Datenlage dies nicht erfordert. Bereits mit dem einfachen linearen Modell konnte ein gutes Ergebnis erzielt werden.

Bei den Residuen sind keine gravierenden Unterschiede zu beobachten. Die entsprechende Abbildung ist in dem zu diesem Kapitel gehörenden Notebook zu finden.

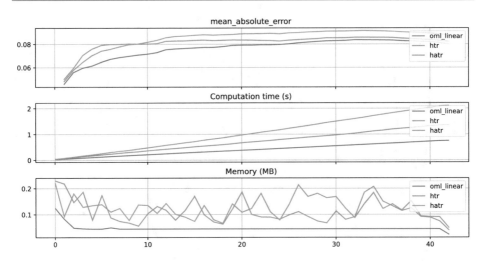

Abb. 9.7 Bike-Sharing-Metriken. Auswertung OML-Hoeffding-Regressionsbäume im Vergleich mit dem linearen Regressionsmodell

9.1.5 Abschließender Vergleich der Bike-Sharing-Experimente

Abbildung 9.8 vergleicht die jeweils besten Verfahren aus den in diesem Kapitel betrachteten Machine Learning (ML)-Kategorien. Die Gradient-Boosting-Regressoren mit den window- und den landmark-basierten Ansätzen erzielen den geringsten MAE. Die beiden OML-Verfahren (das lineare Modell sowie der HTR) schneiden am schlechtesten ab. Der gbrt mit horizon liegt im Mittelfeld.

Diese Ergebnisse deuten darauf hin, dass das Nachtrainieren des gbrt relativ viele Ressourcen in Anspruch nimmt. Dies können die OML-Verfahren effizienter.

Bei der Betrachtung der Residuen (Abb. 9.9) fällt auf, dass alle Modelle einen guten Fit liefern. Das gbrt-horizon-basierte Modell verhält sich konservativ, während die beiden OML-Modelle schnell auf Änderungen reagieren und manchmal über das Ziel hinaus schießen.

9.1.6 Zusammenfassung: Bike-Sharing-Experimente

Tabelle 9.3 zeigt eine stark vereinfachte Zusammenfassung der Ergebnisse der in diesem Kapitel durchgeführten Bike-Sharing-Experimente.

Bei den gbrt-Implementierungen tritt der geringste Fehler auf. Diese gute Performanz wird aber nicht ohne zusätzliche Kosten erzielt. OML-Verfahren erreichen zwar nicht die Performanz des besten BML-Verfahrens, schneiden aber bei den Ressourcen am besten ab.

Zu beachten ist, dass in dieser Studie mit dem Bike-Sharing-Datensatz ein relativ kleiner Datensatz verwendet wurde, so dass die OML-Verfahren ihre Stärken nicht voll ausspie-

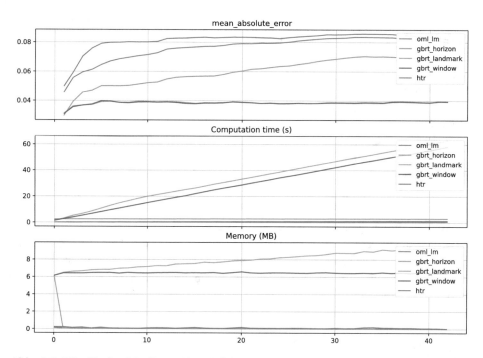

Abb. 9.8 Bike-Sharing-Metriken. Abschließender Vergleich (MAE, Zeit- und Speicherbedarf) der besten BML- und OML-Modelle. Verglichen werden die drei gbrt-Implementierungen (`gbrt_horizon`, `gbrt_landmark` und `gbrt_window`) sowie zwei OML-Verfahren: das lineare Modell `oml_lm` und der HTR `htr`

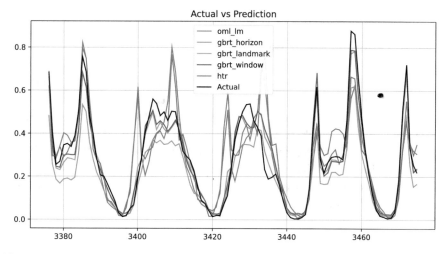

Abb. 9.9 Bike-Sharing-Residuen. Abschließender Vergleich der besten BML- und OML-Modelle

Tab. 9.3 Bike-Sharing-Experimente. Stark vereinfachte Zusammenfassung der Ergebnisse

Modell	Kategorie	Fehler	Zeit	Speicher
Lineare Regression	BML	–	–	–
Gradient Boosting	BML	++	–	-
Lineare Regression	OML	o	–	-
Hoeffding Tree	BML	-	+	+
Hoeffding Adaptive Tree	BML	-	-	-

len konnten. In der folgenden Studie wird ein Datensatz mit sehr großen Datenmengen verwendet, um insbesondere die Ressourcenbedarfe der BML-Verfahren zu untersuchen.

Des Weiteren ist zu beachten, dass keine statistischen Tests oder andere weiterführende statistische Methoden verwendet wurden. Die Ergebnisse sind daher nur als qualitative Aussagen zu verstehen.

9.2 Studie: Sehr große Datensätze mit Drift

Ob die in Abschn. 9.1 beobachtete sehr gute Performanz der BML-Verfahren auch bei sehr großen Onlinedatensätzen mit Drift erzielt wird, soll in der folgenden Studie analysiert werden.

9.2.1 Der Friedman-Drift-Datensatz

Es wird der synthetische Friedman-Datensatz mit Konzeptdrift, der in Definition 1.8 eingeführt wurde, verwendet. Als Implementierung der Drift wird eine sogenannte Global Recurring Abrupt (GRA)-Drift verwendet: Es gibt zwei Punkte, an denen das Konzept (K, siehe Definition 1.7) wechselt. In dieser Studie werden $n_{\text{total}} = 1.000.000$ Datensätze verwendet. Der erste Konzeptwechsel (Drift) tritt nach 250.000 Samples auf. Nach 500.000 Schritten wird das ursprüngliche Konzept wieder übernommen.

Es wird angenommen, dass die Daten stündlich eintreffen. Wie in der Bike-Sharing-Studie (Abschn. 9.1) wird ein Vorhersagehorizont von $7 \times 24 = 168$ Zeitschritten verwendet.

9.2.2 Algorithmen

Es werden zwei BML- und drei OML-Algorithmen verglichen, die in Tab. 9.4 dargestellt werden. Dabei wurde berücksichtigt, dass aus jeder Kategorie (BML bzw. OML) jeweils ein einfaches und ein komplexes Modell verwendet wird. Das Gradient-Boosting-Verfahren aus der Bike-Sharing-Studie wird hier nicht verwendet, da es bei sehr großen Datensätzen zu längeren Laufzeiten führt. Stattdessen wird ein BML-Regressionsbaum verwendet.

Für alle Algorithmen wird eine Vorverarbeitungspipeline erstellt, so dass die mittels StandardScale skalierten Daten von den Algorithmen verwendet werden. Alle Verfahren werden mit den Defaulthyperparametereinstellungen verwendet.

Die in Tab. 9.4 dargestellten BML- und OML-Modelle wurden in dieser Studie verwendet:

9.2.2.1 Die Auswertungsfunktionen

Die BML-Modelle werden auf einem Trainingsdatensatz der Größe $n_{\text{train}} = 1.000$ trainiert. Das so erzeugte Modell wird dann zur Vorhersage auf ca. 6.000 (genauer: $\lfloor (n_{\text{total}}/168) \rfloor$) Mini-Batches der Größe 168 verwendet.

Der Vergleich von Performanz, Zeit- und Speicherbedarf für gbrt wird mit Hilfe der Auswertungsfunktion eval_bml_horizon für die BML-Verfahren und der Auswertungsfunktion eval_oml_horizon für die OML-Verfahren durchgeführt (siehe Abschn. 5.1).

9.2.3 Ergebnisse

Abbildung 9.10 vergleicht die einzelnen Algorithmen. Nicht überraschend ist, dass der Fehler der BML-Algorithmen ansteigt, wenn Drift auftritt. Die Vorhersagegüte der OML-Algorithmen wird durch die Drift nur geringfügig (HTR) bzw. gar nicht (HATR) beeinflusst. Der HTR-Algorithmus hat insgesamt den geringsten MAE.

Tab. 9.4 Modelltypen und Implementierungen

Modell	Implementierung	Beschreibung
Lineare Regression	sklearn: RidgeCV	(Pedregosa et al. 2011)
Regressionsbaum	sklearn: DecisonTreeRegressor	(Pedregosa et al. 2011)
Lineare Regression	river: LinearRegression	(Montiel et al. 2021)
Hoeffding Tree	river: HoeffdingTreeRegressor	(Montiel et al. 2021)
Hoeffding Adaptive Tree	river: HoeffdingAdaptiveTreeRegressor	(Bifet und Gavaldà 2009) (Montiel et al. 2021)

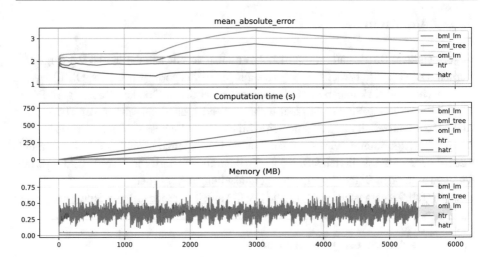

Abb. 9.10 Friedman-Drift-Daten. Metriken versus Mini-Batches. Es wurden die 1 Mio. Beobachtungen in Batches der Größe 168 (7 Tage mal 24 h) unterteilt, so dass 5.952 Datenpunkte vorliegen, die auf der horizontalen Achse dargestellt werden. Der Konzeptwechsel nach 250.000 und 500.000 Instanzen ist deutlich zu erkennen (in der Abbildung ungefähr an den Stellen 1.500 und 3.000)

Um dieses gute Ergebnis zu erzielen, werden zusätzliche Ressourcen benötigt: Beide Hoeffding-Baum-Verfahren zeigen einen kontinuierlich wachsenden Zeitaufwand und benötigen den meisten Speicher. Wie zu erwarten war, benötigen die BML einen konstanten Speicher und eine konstante Zeit, um die Vorhersagen zu berechnen. Den geringsten Speicherbedarf haben die linearen Regressionsmodelle. Abbildung 9.11 zeigt die Residuen, bei denen keine Auffälligkeiten zu erkennen sind.

9.3   Zusammenfassung

Das No-free-Lunch-Theorem (Wolpert und Macready 1997) gilt auch für OML-Algorithmen (Haftka 2016). Es konnten zwei Trade-offs beobachtet werden:

1. Bei überschaubaren Datensätzen (z. B. 10.000 Beobachtungen) sind BML-Algorithmen besser, benötigen aber mehr Ressourcen.
2. Bei größeren Datensätzen (z. B. 1.000.000 Beobachtungen) sind OML-Algorithmen besser und nicht von der Drift beeinflusst, benötigen dafür aber zusätzliche Ressourcen (Zeit- und Speicherbedarf).

Abbildung 9.12 vergleicht stark vereinfacht die Performanz (Fehler, Zeit- und Speicherbedarf) der BML- und OML-Algorithmen, wobei die Flexibilität als Grundlage dient. Flexibilität wird in diesem Zusammenhang als die Fähigkeit eines Algorithmus, sich an die Daten anzupassen, definiert. Sie kann z. B. als „Anzahl der Koeffizienten (oder Hyperpara-

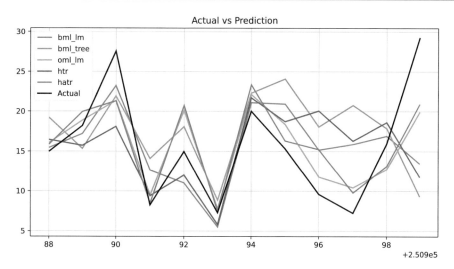

Abb. 9.11 Residuen. Friedman-Drift. Das OML-lineare Modell adaptiert sich relativ schnell, schießt aber manchmal über das Ziel hinaus

meter) eines Modells" interpretiert werden. So ist das Modell $f_2(x) = b_0 + b_1 x + b_2 x^2$ flexibler als das durch $f_1(x) = b_0 + b_1 x$ gegebene Modell. Diese Definition ist nicht exakt, aber für die Zwecke dieser Studie ausreichend und basiert auf den Überlegungen von James et al. (2021). In unserem Zusammenhang sind lineare Regressionsmodelle links auf der „Flexibilitäts-Achse" angesiedelt, während einfache Regressionsbäume in der Mitte zu finden sind. Dann folgen ausgefeilte Methoden wie Gradient Boosting, gbrt, oder noch komplexere Verfahren wie adaptive Hoeffding-Bäume, HATR, die eine große Anzahl von Hyperparametern benötigen.

Abbildung 9.12a vergleicht schematisch den Fehler[11] von BML- und OML-Verfahren in Abhängigkeit von der Flexibilität: Einfache BML- sind in unseren Szenarien den OML-Verfahren unterlegen, wie aus Abb. 9.3 zu ersehen ist. Aus Abb. 9.8 wurde deutlich, dass die komplexere BML-Methoden wie Gradient Boosting besser abschneiden als die OML-Methoden.

Abbildung 9.12b vergleicht den Zeitbedarf. Hier sind zunächst die einfachen OML-Verfahren den BML-Verfahren überlegen. Allerdings kehrt sich die Situation um, wenn komplexere Algorithmen verglichen werden. Insbesondere die HATR benötigen mehr Zeit als die BML-Verfahren, die lediglich zu Beginn einmal trainiert werden müssen. Die OML-Verfahren benötigen mehr Zeit, da sie bei jedem neuen Datenpunkt neu trainiert werden müssen.

Abbildung 9.12c vergleicht die Algorithmen hinsichtlich des Speicherbedarfs. Hier sind die einfachen OML-Verfahren deutlich besser als die BML-Verfahren und ähnlich wie beim

---

[11] Der Fehler wird auf den Testdaten betrachtet, so dass Overfitting sichtbar wird. Auf den Trainingsdaten würde der Fehler mit der Erhöhung der Flexibilität kontinuierlich abnehmen.

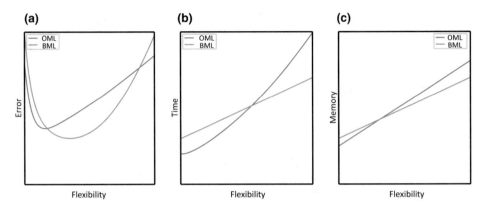

Abb. 9.12 Flexibilität versus Performanz. Ein Algorithmus mit wenigen Hyperparametern, wie z. B. ein einfaches lineares Regressionsmodell, ist weniger flexibel als ein komplexer Algorithmus, wie z. B. HATR. In den Abbildungen werden Fehler (**a**), Zeitbedarf (**b**) und Speicherbedarf (**c**) für BML- und OML-Verfahren mit unterschiedlicher Flexibilität schematisch verglichen (jeweils kleinere Werte sind besser). Der Vergleich basiert auf Überlegungen in James et al. (2021)

Zeitbedarf kehrt sich die Situation um, wenn komplexere Algorithmen verglichen werden. Die HATR benötigen mehr Speicher als die BML-Verfahren, wobei der Unterschied nicht so groß ist wie beim Zeitbedarf.

Aus diesen Beobachtungen ergibt sich die Fragestellung, ob die OML-Bäume durch Hyperparameter Tuning (HPT) optimiert werden können. Dies wird in Kap. 10 untersucht.

Hyperparameter-Tuning

10

Thomas Bartz-Beielstein

Inhaltsverzeichnis

Zusammenfassung

Die in den vorherigen Kapiteln vorgestellten Online Machine Learning (OML)-Verfahren weisen eine Vielzahl von Einstellmöglichkeiten, sogenannte Hyperparameter, auf. So stehen für Hoeffding-Bäume eine Vielzahl von „Splittern" zur Erzeugung von Teilbäumen zur Verfügung. Es gibt unterschiedliche Verfahren zur Begrenzung der Baumgröße, um den Zeit- und Speicherbedarf in vernünftige Bahnen zu lenken. Hinzu treten noch viele

T. Bartz-Beielstein (✉)
Institute for Data Science, Engineering, and Analytics, TH Köln, Gummersbach, Deutschland
E-Mail: thomas.bartz-beielstein@th-koeln.de

© Der/die Autor(en), exklusiv lizenziert an Springer Fachmedien Wiesbaden GmbH, ein Teil von Springer Nature 2024
T. Bartz-Beielstein und E. Bartz (Hrsg.), *Online Machine Learning*,
https://doi.org/10.1007/978-3-658-42505-0_10

weitere Parameter, so dass eine händisch durchgeführte Suche nach der optimalen Hyperparameter-Einstellung sehr aufwändig ist und durch die Komplexität des Kombinationsmöglichkeiten zum Scheitern verurteilt ist. Daher wird in diesem Kapitel erläutert, wie eine automatische Optimierung der Hyperparameter durchgeführt werden kann. Neben der Optimierung des OML-Verfahrens ist das mit Sequential Parameter Optimization Toolbox (SPOT) durchgeführte Hyperparameter Tuning (HPT) auch für die Erklärbarkeit und Interpretation von OML-Verfahren von Bedeutung und kann zu einem effizienteren und somit ressourcenschonenden Algorithmus führen ("Green IT").

10.1   Hyperparameter-Tuning: Eine Einführung

Die Optimierung der Hyperparameter ist eine wichtige, aber meistens auch schwierige und rechenintensive Aufgabe. Das Ziel von HPT ist es, die Hyperparameter so zu optimieren, dass die Leistung des Machine Learning (ML)-Modells verbessert wird. Der einfachste, aber auch rechenaufwändigste Ansatz verwendet die manuelle Suche (oder trial-and-error (Meignan et al. 2015)). Häufig anzutreffen ist die einfache Zufallssuche (random search, RS), d. h. zufällige und wiederholte Auswahl von Hyperparametern zur Bewertung und die Gittersuche ("grid search"). Darüber hinaus spielen Verfahren, die eine gerichtete Suche durchführen ("directed search") und weitere, modellfreie Algorithmen, d. h. Algorithmen, die nicht explizit auf ein Modell zurückgreifen, z. B. Evolutionsstrategien (Bartz-Beielstein et al. 2014) oder Pattern Search (Lewis et al. 2000), eine wichtige Rolle. Auch ist "Hyperband" (Li et al. 2016) im Bereich des HPT sehr verbreitet. Es handelt sich dabei um eine mehrarmige Bandit-Strategie ("multi-armed bandit strategy"). Die ausgefeiltesten und effizientesten Ansätze sind die Bayesian Optimization (BO)- und Surrogate Model Based Optimization (SMBO)-Methoden, die auf der Optimierung von Kostenfunktionen basieren, die durch Simulationen oder Experimente ermittelt werden.

Wir betrachten im Folgenden einen HPT-Ansatz, der auf SPOT basiert (Bartz-Beielstein et al. 2005) und sich für Situationen eignet, in denen nur begrenzte Ressourcen zur Verfügung stehen. Dies kann an einer eingeschränkten Verfügbarkeit und den Kosten der Hardware liegen oder dadurch begründet sein, dass vertrauliche Daten z. B. wegen gesetzlicher Vorgaben ausschließlich lokal verarbeitet werden dürfen. Zudem wird in unserem Ansatz das Verständnis der Algorithmen als ein Schlüsselinstrument für Transparenz und Erklärbarkeit gesehen. Dieses kann z. B. durch die Quantifizierung des Beitrags von ML- und Deep Learning (DL)-Komponenten (Knoten, Schichten, Splitentscheidungen, Aktivierungsfunktionen usw.) ermöglicht werden. Wie in Abschn. 6.6 erläutert wurde, spielt das Verständnis der Bedeutung von Hyperparametern und der Interaktionen zwischen mehreren Hyperparametern eine große Rolle für die Interpretierbarkeit und Erklärbarkeit von ML-Modellen. SPOT bietet statistische Werkzeuge zum Verständnis der Hyperparameter und ihrer Interaktionen. Nicht zuletzt ist anzumerken, dass der SPOT Softwarecode in den Open-Source-Paketen spotPython und spotRiver auf GitHub[1] verfügbar ist und somit eine Replizierbarkeit der Ergebnisse ermöglicht wird. SPOT ist eine etablierte Open-Source-Software, die seit mehr als 15 Jahren gepflegt wird (Bartz-Beielstein et al. 2005; Bartz et al. 2022).

10.2 Die Hyperparameter-Tuning-Software Sequential Parameter Optimization Toolbox

SMBO-Methoden sind gängige Ansätze in der Simulation und Optimierung. SPOT wurde entwickelt, weil es einen großen Bedarf für fundierte statistische Analysen von Simulations- und Optimierungsalgorithmen gibt. SPOT umfasst Methoden für das Tuning, die auf klassischen Regressions- und Varianzanalysetechniken basieren, es stellt baumbasierte Modelle wie Classification And Regression Tree (CART) und Random Forest (RF), wie auch BO (Gaußsche Prozessmodelle, auch bekannt als Kriging) und Kombinationen von verschiedenen Meta-Modellierungsansätzen zur Verfügung. Jedes in scikit-learn: Machine Learning in Python (sklearn) implementierte Modell kann als Meta-Modell verwendet werden. SPOT ist in Python implementiert. SPOT ist in den Open-Source-Paketen spotPython und spotRiver auf GitHub verfügbar.

SPOT implementiert Schlüsseltechniken wie die explorative Analyse der Fitnesslandschaft und die Sensitivitätsanalyse. SPOT kann verwendet werden, um die Leistung von Algorithmen zu verstehen und einen Einblick in das Verhalten von Algorithmen zu erhalten. Darüber hinaus kann SPOT als Optimierer und zur automatischen und interaktiven Abstimmung verwendet werden. Details zu SPOT und seiner Anwendung in der Praxis werden von Bartz-Beielstein et al. (2021) gegeben.

Ein typischer HPT-Prozess mit SPOT besteht aus den folgenden Schritten:

1. Laden der Daten (Trainings- und Testdatensätze), siehe Abschn. 10.3.1.
2. Spezifikation des Vorverarbeitungsmodells, siehe Abschn. 10.3.2. Dieses Modell wird als `prep_model` („preparation" oder Vorverarbeitung) bezeichnet. Die Informationen, die für das HPT erforderlich sind, werden in dem Dictionary `fun_control` gespeichert. Somit stehen die Informationen, die für die Ausführung des HPT benötigt werden, in einer lesbaren Form zur Verfügung.
3. Auswahl des zu tunenden Algorithmus, siehe Abschn. 10.3.3. Dieser wird als `core_model` bezeichnet. Ist das `core_model` definiert, dann können die zugehörigen Hyperparameter im `fun_control`-Dictionary gespeichert werden. Zunächst werden die Hyperparameter des `core_model` mit den Defaultwerten des `core_model` initialisiert. Als Defaultwerte verwenden wir die im Paket `spotRiver` enthaltenen Defaultwerte für die Algorithmen des Pakets river, die im JSON-Format vorliegen.

---

[1] https://github.com/sequential-parameter-optimization

4. Modifikation der Defaultwerte für die Hyperparameter, die im `core_model` verwendet werden, siehe Abschn. 10.3.4. Dieser Schritt ist optional.

    1. Numerische Parameter werden durch Änderung der Grenzen („bounds") modifiziert.

    2. Kategorische Parameter werden durch Änderung der Kategorien („levels") modifiziert.

5. Auswahl der Zielfunktion (Loss-Funktion), siehe Abschn. 10.3.5.
6. Aufruf von SPOT mit den entsprechenden Parametern, siehe Abschn. 10.3.6. Die Ergebnisse werden in einem Dictionary gespeichert und stehen für die weitere Auswertung zur Verfügung.
7. Präsentation, Visualisierung und Interpretation der Ergebnisse, siehe Abschn. 10.3.7.

10.3 Studie: Hyperparameter-Tuning des Hoeffding Adaptive Tree Regressor-Algorithmus auf den Friedman-Drift-Daten

In dieser Studie werden die Hyperparameter des „Hoeffding Adaptive Tree Regressor (HATR)"-Algorithmus für Vorhersagen mit den Friedman-Drift-Daten getunt.

> **Hyperparameter-Tuning-Notebooks**
> Das Jupyter-Notebook im GitHub-Repository https://github.com/sn-code-inside/online -machine-learning dokumentiert die Durchführung der Experimente.

10.3.1 Laden der Daten

Zu Beginn einer HPT-Studie steht die Erzeugung eines leeren Dictionaries mit dem Namen `fun_control`. Dieses wird in den nächsten Schritten mit den Parametern, die für die Ausführung des HPT benötigt werden, gefüllt.

Wir verwenden den Datensatz `FriedmanDrift` aus dem Paket river[2]. Dieser Datensatz wurde in Definition 1.8 eingeführt und bereits in Abschn. 9.2.1 beschrieben. Er besteht aus einem Strom von 1.000.000 Beispielen mit jeweils zehn Merkmalen und einer numerischen Zielgröße. Er wird wie folgt geladen:

---

[2] https://riverml.xyz/0.15.0/api/datasets/synth/FriedmanDrift/

```
dataset = synth.FriedmanDrift(
    drift_type='gra',
    position=position,
        seed=123
)
data_dict = {
    key: [] for key in list(dataset.take(1))[0][0].keys()}
data_dict["y"] = []
for x, y in dataset.take(n_total):
    for key, value in x.items():
        data_dict[key].append(value)
    data_dict["y"].append(y)
df = pd.DataFrame(data_dict)
df.columns = [f"x{i}" for i in range(1, 11)] + ["y"]

train = df[:n_train]
test = df[n_train:]
target_column = "y"
# Übergabe der Trainings- und Testdaten
#  an das fun_control Dictionary
fun_control.update({"data": None,
                    "train": train,
                    "test": test,
                    "n_samples": n_samples,
                    "target_column": target_column})
```

10.3.2 Spezifikation des Vorverarbeitungsmodells

Als Nächstes erfolgt die Erstellung des Preprocessingmodells („prep_model"). Dazu werden zunächst die Modellkomponenten erzeugt, die keine Hyperparameter verwenden. Hierzu zählen insbesondere alle Komponenten, mit denen die Datenvorverarbeitung durchgeführt wird, z. B. der StandardScaler oder die Auswahlfunktion für die Variablen. Dieses Modell wird als prep_model bezeichnet.

```
prep_model = preprocessing.StandardScaler()
fun_control.update({"prep_model": prep_model})
```

10.3.3 Auswahl des zu tunenden Algorithmus und der Defaulthyperparameter

Als Nächstes erfolgt die Auswahl des Algorithmus, dessen Hyperparameter getunt werden sollen. Dieser wird als `core_model` bezeichnet. In unserem Beispiel ist dies die Methode `HoeffdingAdaptiveTreeRegressor`, so dass ein HATR-OML-Verfahren zur Verfügung steht.

```
core_model   = HoeffdingAdaptiveTreeRegressor
fun_control = add_core_model_to_fun_control(core_model=core_model,
                              fun_control=fun_control,
                              hyper_dict=RiverHyperDict,
                              filename=None)
```

Da der HATR als eine Erweiterung des Hoeffding Tree Regressor (HTR) implementiert ist, werden zunächst die Defaultwerte der Hyperparameter des HTR dargestellt. Die entsprechenden Hyperparameter werden in Tab. 10.1 aufgelistet.

Die zusätzlich zu den Hyperparametern der HTR vom HATR verwendeten Hyperparameter, die weitere Funktionalitäten zur adaptiven Drifterkennung zur Verfügung stellen, sind in Tab. 10.2 dargestellt.

Das `prep_model` wird mit dem `core_model` kombiniert: Der Tuner erstellt das vollständige Modell, indem er das `prep_model` mit dem `core_model` in einer Pipeline kombiniert. Somit können die Hyperparameter zur Laufzeit (während des Tunens) an das Modell übergeben werden. Das Modell wird abschließend in `spotRiver` zusammengestellt (in unserem Fall mit Hilfe der Funktion `fun_oml_horizon`).

Anschließend werden, passend zum ausgewählten Algorithmus, die Defaultwerte für die Hyperparameter gewählt. Für den Algorithmus HATR werden die entsprechenden Hyperparameter[3] bestimmt (inkl. Typinformationen, Namen und Grenzen). Hier verwenden wir die im Paket `spotRiver` enthaltenen Defaultwerte für die Algorithmen des Pakets river. Die Wertebereiche der Hyperparameter sind in Tab. 10.4 dargestellt.

10.3.4 Modifikation der Defaultwerte für die Hyperparameter

Die Hyperparameter, die im `core_model` verwendet werden, können modifiziert werden. Dieser Schritt ist optional.

1. Numerische Parameter werden durch Änderung der Grenzen („bounds") modifiziert. Dies erfolgt mit dem Befehl `modify_hyper_parameter_bounds`. Hierzu zählen ebenfalls die booleschen Parameter, deren Level als 0 für `False` und 1 für `True` kodiert werden.

---

[3] Siehe: https://riverml.xyz/0.15.0/api/tree/HoeffdingAdaptiveTreeRegressor/.

Tab. 10.1 Hyperparameter des HTR Algorithmus

Parameter	Erläuterung
grace_period	Anzahl der Instanzen, die ein Blatt zwischen den Aufteilungsversuchen beobachten soll
max_depth	Maximale Tiefe, die ein Baum erreichen kann
delta	Signifikanzniveau zur Berechnung der Hoeffding-Schranke. Das Signifikanzniveau ist gegeben durch 1 - delta. Werte, die näher bei Null liegen, bedeuten längere Verzögerungen bei der Teilungsentscheidung
tau	Schwellenwert, unterhalb dessen eine Aufteilung erzwungen wird, um Ties („Gleichheit") zu brechen
leaf_prediction	Vorhersagemechanismus, der bei Blättern verwendet wird. mean: Mittelwert, model: Verwendet das in leaf_model definierte Modell, und adaptive: Wählt dynamisch zwischen mean und model
leaf_model	Regressionsmodell, das zur Bereitstellung von Antworten verwendet wird, wenn leaf_prediction= model
model_selector_decay	Exponentieller Abklingfaktor, der auf die quadrierten Fehler der Lernmodelle angewendet wird, die überwacht werden, wenn leaf_prediction='adaptive'. Er muss zwischen 0 und 1 liegen. Je näher er an 1 liegt, desto mehr Bedeutung wird den vergangenen Beobachtungen beigemessen. Nähert sich der Wert dagegen 0, haben die zuletzt beobachteten Fehler einen größeren Einfluss auf die endgültige Entscheidung
splitter	Der Splitter oder Attributbeobachter wird verwendet, um die Klassenstatistiken numerischer Merkmale zu überwachen und Splits durchzuführen
min_samples_split	Die minimale Anzahl von Stichproben, die jeder aus einem Split-Kandidaten resultierende Zweig haben muss, um als gültig zu gelten
binary_split	Wenn True, werden nur binäre Splits durchgeführt
max_size	Die maximale Größe des Baums, in Megabytes (MB)

2. Kategorische Parameter werden durch Änderung der Kategorien („levels") modifiziert. Dies erfolgt mit dem Befehl modify_hyper_parameter_levels.

In unserem Beispiel wurde der Suchbereich für den Hyperparameter delta erweitert.

Werden identische Werte für die Grenzen angegeben, so wird der Wert als konstanter Parameter interpretiert. Dieser Parameter wird nicht mehr im Tuningprozess berücksichtigt. Da merit_preprune mit der Einstellung 1 (True) in den Vorexperimenten zu schlechten

Tab. 10.2 Zusätzliche Hyperparameter des HATR-Algorithmus, die in Ergänzung zu den Hyperparametern des HTR-Algorithmus (Tab. 10.1) verwendet werden

Parameter	Erläuterung
bootstrap_sampling	Bei True werden in den Blattknoten Bootstrap-Stichproben durchgeführt
drift_window_threshold	Mindestanzahl von Beispielen, die ein alternativer Baum beobachten muss, bevor er als potenzieller Ersatz für den aktuellen Baum in Frage kommt
switch_significance	Signifikanzniveau, um zu beurteilen, ob die alternativen Teilbäume signifikant besser sind als ihre Hauptteilbaum-Gegenstücke
memory_estimate_period	Intervall (Anzahl der verarbeiteten Instanzen) zwischen den Prüfungen des Speicherverbrauchs
merit_preprune	Wenn True, wird das meritbasierte Prepruning aktiviert. Entfernt Teile des Baums, die keinen Beitrag zur Klassifizierung beitragen
stop_mem_management	Bei True wird das Wachstum gestoppt, sobald die Speichergrenze erreicht ist
remove_poor_attrs	Wenn True, werden „schlechte" Attribute deaktiviert, um den Speicherverbrauch zu reduzieren

Ergebnissen geführt hat, wird dieser Parameter in den folgenden Experimenten auf 0 (False) gesetzt und bei dem HPT nicht mehr modifiziert.

```
fun_control = modify_hyper_parameter_bounds(
    fun_control, "delta", bounds=[1e-10, 1e-6])
fun_control = modify_hyper_parameter_bounds(
    fun_control, "merit_preprune", [0, 0])
```

10.3.5 Auswahl der Zielfunktion (Loss-Funktion)

Das HPT berücksichtigt gleichzeitig den Fehler (Mean Absolute Error (MAE), y_1), die Zeit (Sekunden, y_2) und den Speicherbedarf (MB, y_3). Die drei Werte werden gewichtet kombiniert, wobei die Gewichte über den Parameter weights im fun_control-Dictionary spezifiziert werden:

$$y = \sum_{i=1}^{3} w_i \times y_i.$$

In unserem Beispiel werden die Gewichte $w_1 = 1$ und $w_2 = w_3 = 1/1.000$ gewählt, da die Fehlerreduktion im Vordergrund steht. Diese Gewichtung wird als „vertikale Gewichtung" bezeichnet.

> **Vorexperiment zur Bestimmung der Gewichte**
> In einem Vorexperiment können sinnvolle Größenordnungen für die Gewichte ermittelt werden.

Der Parameter `weight_coeff` ermöglicht eine Gewichtung entlang der Zeitachse, die als „horizontale Gewichtung" beschrieben wird. Aktuelle Werte können ein größeres Gewicht als ältere Werte erhalten. Wird für `weight_coeff` der Wert null gewählt, so werden alle Werte gleich gewichtet. Wird ein Wert größer als null gewählt, so werden die Werte exponentiell gewichtet.

10.3.6 Aufruf des Hyperparameter Tuners Sequential Parameter Optimization Toolbox

Zuerst wird die Instanz `spot_hatr` der Klasse `Spot` erstellt. Die Parameter `fun`, `lower`, `upper`, `var_type`, `var_name` und `fun_control` werden an den Konstruktor übergeben. Der Parameter `fun` enthält die Funktion, die die Zielfunktion berechnet. Der Parameter `lower` enthält die unteren Grenzen der Hyperparameter. Der Parameter `upper` enthält die oberen Grenzen der Hyperparameter. Der Parameter `var_type` enthält die Typinformationen der Hyperparameter. Der Parameter `var_name` enthält die Namen der Hyperparameter. Der Parameter `fun_control` enthält die Hyperparameter des HATR-Algorithmus.

```
spot_hatr = spot.Spot(fun=fun,
                      lower = lower,
                      upper = upper,
                      var_type=var_type,
                      var_name=var_name,
                      fun_control = fun_control)
spot_hatr.run()
```

10.3.7 Ergebnisse des Hoeffding Adaptive Tree Regressor-Tunings

Abbildung 10.1 zeigt den Verlauf des Hyperparameter-Tunings[4]. Dem HPT-Algorithmus wurde ein Budget von 60 min zur Verfügung gestellt. Es wurden ca. 40 Hyperparameter-Konfigurationen berechnet. Die für das initiale Design von SPOT erzeugten Werte sind durch schwarze Punkte dargestellt. Die schwarze Linie stellt den Wert der während des initialen Designs gefundenen besten Hyperparameter-Konfiguration dar. Mit Hilfe der während des

---

[4] Das Tuning wurde auf einem MacBookPro (Apple M2 Max Chip, 12-Core CPU, 38-Core GPU, 96 GB Speicher) durchgeführt.

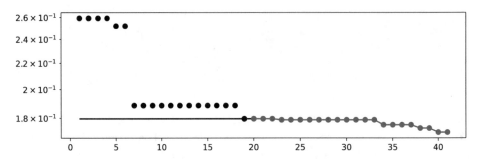

Abb. 10.1 Fortschritt der Hyperparameter-Optimierung mit SPOT. Die Werte der Zielfunktion sind auf der y-Achse dargestellt, die x-Achse zeigt die Anzahl der ausgewerteten Hyperparameter-Konfigurationen. *Schwarz* wird für die Auswertungen des initialen Designs, *rot* für die Surrogatauswertungen verwendet

initialen Designs ausgewerteten Punkte wird das erste Surrogatmodell erstellt. Erst nachdem das initiale Design ausgewertet wurde, startet das Tuning (die Optimierung). Die während des HPT erzeugten Punkte sind in rot dargestellt.

Die beste Hyperparameter-Konfiguration kann mit Hilfe der Methode `print_results` angezeigt werden. Eine ausführlichere Ausgabe, die einen direkten Vergleich der Defaulteinstellungen mit den optimierten Einstellungen ermöglicht und auch die relative Wichtigkeit berücksichtigt, kann mit Hilfe der Methode `gen_design_table` erzeugt werden. Die Ausgabe ist in Tab. 10.4 dargestellt.

Fortschritt der Hyperparameter-Optimierung
In den meisten Experimenten wurde für die Zielgröße bereits während der initialen Designphase ein sehr guter Wert ermittelt. Die im weiteren Verlauf des HPT erzielten Verbesserungen sind relativ gering. Sie können jedoch im Praxiseinsatz für den entscheidenden Vorteil sorgen.

Da das Tuning auf dem reduzierten Datensatz mit 100.000 Beobachtungen durchgeführt wurde, betrachten wir zunächst die Ergebnisse für diesen Datensatz. Der Vergleich der Performanz (Fehler, also MAE, Zeit- und Speicherbedarf) ist in Abb. 10.2 dargestellt.

Der MAE wurde durch SPOT im Vergleich zur Defaulteinstellung von ca. 2,5 auf Werte, die konsistent kleiner als 2,0 sind, reduziert. Hier wurde eine Verbesserung erzielt. Ähnliche Ergebnisse ergaben sich auch für den Zeit- und Speicherbedarf. Während die Auswertungszeit des HATR-Modells mit Defaulteinstellungen nach 100.000 Beobachtungen ca. 150 s dauert, benötigt der mit SPOT optimierte Algorithmus lediglich 50 s. Der Speicherbedarf beläuft sich bei dem Defaultalgorithmus auf ca. 1 MB, während der mit SPOT optimierte Algorithmus weniger als die Hälfte benötigt. Zu beachten ist, dass der HATR-Algorithmus interne Speicherverwaltungsalgorithmen verwendet, wodurch es zu Fluktua-

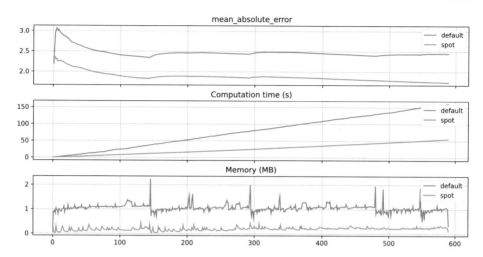

Abb. 10.2 Vergleich Fehler, Zeit und Speicherbedarf. Default *(blau)* versus SPOT *(orange)*. Durch das Tuning konnte der Fehler wie auch der Zeit- und Speicherbedarf reduziert werden, so dass insgesamt eine effizientere Einstellung gefunden wurde. Diese Abbildung stellt die Ergebnisse für 100.000 Beobachtungen dar. Dargestellt sind die Vorhersagen für jeweils eine Woche (7 mal 24 h), so dass ca. 600 Auswertungen zur Verfügung stehen

tionen im Speicherbedarf kommen kann. Die Fluktuationen sind in den Abbildungen gut sichtbar.

Die Residuen werden in Abb. 10.3 dargestellt. Sie veranschaulichen, dass die mit SPOT gefundenen Einstellungen die Flexibilität des HATR-Algorithmus verbessern: Während die Defaulteinstellungen zu einem konservativen, mittelwertapproximierenden Verhalten führen, ist der optimierte Algorithmus risikofreudiger und bildet Sprünge im Datenstrom besser ab.

Hochinteressant ist die Beantwortung der Frage, ob sich die mit einem auf ein Zehntel des Gesamtdatensatzes gefundenen Ergebnisse auf einen größeren Datensatz übertragen lassen. Die Auswertung des HATR-Algorithmus mit Default und SPOT-optimierten Hyperparametern für 1 Mio. Beobachtungen zeigt Abb. 10.4. Generell ergibt sich ein ähnliches Bild wie bei dem reduzierten Datensatz: Durch das Hyperparameter-Tuning konnten Fehler, Zeit- und Speicherbedarf sichtbar reduziert werden.

Allerdings zeigt sich bei der Visualisierung des Speicherbedarfs des optimierten HATR-Algorithmus im Intervall zwischen 5.000 und 6.000 Beobachtungen, also gegen Ende des Beobachtungszeitraums, eine Auffälligkeit. Es tritt ein einzelner Peak, der einen Speicherbedarf von ca. 60 MB anzeigt, auf. In weiteren Untersuchungen ist zu klären, ob dies ein Einzelfall ist, der vom Betriebssystem und nicht vom HATR-Algorithmus verursacht wird, oder ob es sich um einen Fehler im HATR-Algorithmus handelt.

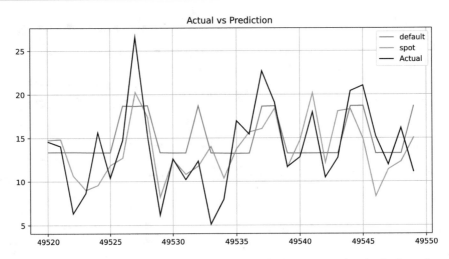

Abb. 10.3 Vergleich der Residuen. Die tatsächlichen Beobachtungen werden durch eine *schwarze* Linie dargestellt. Durch die optimierten Hyperparameter reagiert der HATR-Algorithmus *(orange)* flexibler auf Änderungen im Datenstrom

Die Untersuchung der Residuen für 1 Mio. Beobachtungen zeigte keine Unterschiede zu der schon diskutierten Analyse des reduzierten Datensatzes (siehe Abb. 10.3). Daher ist die entsprechende Abbildung nicht dargestellt[5].

> **Übertragbarkeit der Tuningergebnisse**
> Die Übertragbarkeit der auf einem reduzierten Datensatz gefundenen Ergebnisse auf einen größeren Datensatz wurde untersucht. Die Ergebnisse zeigen, dass die mit SPOT gefundenen Einstellungen auch auf einen größeren Datensatz übertragbar sind.

10.3.8 Erklärbarkeit und Verständnis

Zur Berechnung der Wichtigkeit bzw. des Effekts einzelner Hyperparameter stellt SPOT eine Methode zur Verfügung, die die „Activity"- oder auch „Width"-Parameter[6] des Surrogatmodells verwendet (Forrester et al. 2008) (Bartz et al. 2022). Die relative Wichtigkeit eines Hyperparameters berechnet sich als Relation zur Wichtigkeit des wichtigsten Hyperparameters. Demnach besitzt der wichtigste Parameter eine relative Wichtigkeit von 100 %. Die relative Wichtigkeit („importance") einzelner Hyperparameter kann durch Aufruf der

---

[5] Details der Analysen sind reproduzierbar in den zu diesem Kapitel gehörigen Notebooks zu finden.

[6] Für diese Parameter wird in der Literatur häufig das Symbol θ verwendet (Forrester et al. 2008).

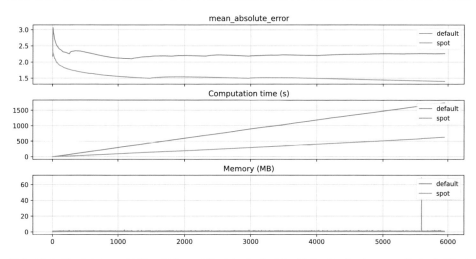

Abb. 10.4 Vergleich von Fehler, Zeit- und Speicherbedarf für 1 Mio. Beobachtungen. Default *(blau)* versus SPOT *(orange)*. Die Abbildung veranschaulicht die Übertragbarkeit der auf einem reduzierten Datensatz (siehe Abb. 10.2) gefundenen Resultate auf einen größeren Datensatz. Bei dem Speicherbedarf zeigt sich gegen Ende des Beobachtungszeitraums eine Auffälligkeit

Abb. 10.5 Relative Wichtigkeit der Hyperparameter. `leaf_prediction` und `leaf_model` sind mit Abstand die wichtigsten Parameter

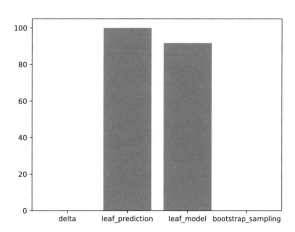

Methode `spot_hatr.print_importance` angezeigt werden. Diese Werte werden in Abb. 10.5 visualisiert und sind auch in Tab. 10.4 dargestellt.

In unserer Untersuchung haben die Parameter `leaf_prediction` und `leaf_model` den größten Effekt. Mit großem Abstand folgen `delta` und `bootstrap_sampling`, deren Effekte nur zum Vergleich eingezeichnet wurden.

SPOT verwendet eine numerische Kodierung für die Stufen („Level") der kategorischen Hyperparameter. Die kategorischen Werte sind wie folgt in Tab. 10.3 kodiert. Die Einstellung `leaf_prediction` mit dem Wert `mean` entspricht dem numerischen Wert 0, die Einstellung `model` entspricht dem numerischen Wert 1 und die Einstellung `adaptive`

Tab. 10.3 Kodierung der kategorischen Hyperparameter

name	level 0	level 1	level 2
leaf_prediction	mean	model	adaptive
leaf_model	LinearRegression	PARegressor	Perceptron
splitter	EBSTSplitter	TEBSTSplitter	QOSplitter

Tab. 10.4 Hyperparameter des HATR-Algorithmus, siehe Tab. 10.1. Darstellung der relativen Wichtigkeit erfolgt mit Hilfe der Symbole: "***" sehr wichtig, "**" wichtig, "*" weniger wichtig, "." geringfügig wichtig. Für den Hyperparameter max_depth wird eine 2^x-Transformation durchgeführt, so dass z. B. dem Wert 10 die Tiefe 1024 entspricht. Bei den Hyperparametern leaf_prediction, leaf_model und splitter handelt es sich um kategorische Hyperparameter. Die Stufenwerte („level"-Werte) sind in Tab. 10.3 kodiert

Hyperparameter	Typ	Default	Lower	Upper	Tuned	Importance	Stars
grace_period	int	200	10	1.000	758	0,00	
max_depth	int	20	2	20	19	0,00	
delta	float	1e-07	1e-10	1e-06	1e-06	0,00	
tau	float	0,05	0,01	0,1	0,1	0,00	
leaf_prediction	factor	0	0	2	1	100,00	***
leaf_model	factor	0	0	2	0	91,75	**
model_selector_decay	float	0,95	0,9	0,99	0,9	0,00	
splitter	factor	0	0	2	1	0,00	
min_samples_split	int	5	2	10	8	0,00	
bootstrap_sampling	factor	0	0	1	0	0,02	
drift_window_threshold	int	300	100	500	101	0,00	
switch_significance	float	0,05	0,01	0,1	0,1	0,00	
binary_split	factor	0	0	1	0	0,00	
max_size	float	500,0	100,0	1.000,0	789,80	0,00	
memory_estimate_period	int	1.000.000	100.000	1.000.000	938.558	0,00	
stop_mem_management	factor	0	0	1	1	0,00	
remove_poor_attrs	factor	0	0	1	0	0,00	
merit_preprune	factor	0	0	0	0		

entspricht dem numerischen Wert 2. Tab. 10.4 zeigt die Hyperparameterwerte des HATR-Algorithmus.

Interessant ist zudem die Untersuchung der Struktur der internen Hoeffding-Baum-Modelle. Tabelle 10.5 vergleicht die Attribute der Regressionsbäume des Default- und des mit SPOT optimierten HATR-Modells. Die gezeigten Werte stellen eine Momentaufnahme der Aktivitäten in den einzelnen Elementen (Knoten und Zweigen des adaptiven Hoeffding-Baums) dar. Sie deuten an, dass durch das Tuning die Komplexität der Bäume reduziert wird. Diese Fragestellung bedarf allerdings noch weiterer Untersuchungen. So ist die Darstellung des Verlaufs der Anzahl der aktiven und inaktiven Blätter eine interessante Analyse, die aber noch nicht vollständig durchgeführt wurde.

Tab. 10.5 Vergleich der Parameter des Default- und des mit `SPOT` optimierten HATR-Modells

Parameter	Default	Spot
n_nodes	151	149
n_branches	75	74
n_leaves	76	75
n_active_leaves	210	58
n_inactive_leaves	0	0
height	12	12
total_observed_weight	100.000	100.000
n_alternate_trees	33	34
n_pruned_alternate_trees	8	29
n_switch_alternate_trees	1	3

Abbildung 10.6 visualisiert die Interaktion der beiden wichtigsten Hyperparameter, `leaf_prediction` und `leaf_model` des Surrogatmodells, das zur Optimierung der Hyperparameter verwendet wird. Da beide Hyperparameter kategorische Werte annehmen (mit jeweils drei Stufen), wird eine stufenförmige Fitnesslandschaft (oder engl. „response surface") erzeugt. Die Hyperparameterkonfiguration `leaf_prediction = 1` und `leaf_model = 2` führt zu schlechten Ergebnissen. Von SPOT wird daher die Einstellung `leaf_prediction = 1` (model) und `leaf_model = 0` (`LinearRegression`) empfohlen. Diese Ergebnisse stimmen mit den bereits besprochenen Resultaten überein.

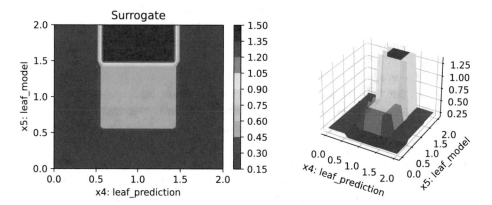

Abb. 10.6 Surrogatmodell. In der Abbildung *links* ist der Einfluss der Hyperparameter `leaf_prediction` und `leaf_model` auf die Performanz des HATR-Algorithmus dargestellt. Die Abbildung *rechts* zeigt denselben Zusammenhang als 3D-Plot. Schlechte Einstellungen sind *dunkelrot* dargestellt

SPOT zeichnet defaultmäßig die Interaktionen der wichtigsten Hyperparameter. Es können auch alle Interaktionen visualisiert werden. Hierfür sei wiederum auf das Begleitmaterial zu diesem Kapitel in den Notebooks verwiesen.

10.4 Zusammenfassung

In diesem Kapitel wurde der HATR-Algorithmus mit Hilfe der Hyperparameter-Tuning-Software SPOT analysiert und optimiert. Durch das HPT können wichtige Erkenntnisse über die Bedeutung der einzelnen Hyperparameter gewonnen werden. Diese Analysen liefern elementare Bausteine für das Verständnis komplexer Algorithmen im Bereich des OML und sind daher relevant für die Erklärbarkeit von OML-Algorithmen.

Es konnte gezeigt werden, dass Ergebnisse, die auf einem reduzierten Datensatz (oder Datenstrom) gefunden wurden, auf einen größeren Datenstrom übertragbar sind. Dies ist ein wichtiger Aspekt, da die Optimierung der Hyperparameter in der Regel auf einem reduzierten Datensatz durchgeführt werden muss, um die Rechenzeit und den Speicherbedarf zu reduzieren. Für das Tuning der 17 Hyperparameter des HATR-Algorithmus standen auf einem Standard-Notebook 60 min zur Verfügung. In dieser Zeit konnten ca. 40 Konfigurationen unter Verwendung des reduzierten Datensatzes (ein Zehntel des Gesamtvolumens) ausgewertet werden. Der Fehler sowie auch der Zeit- und Speicherbedarf konnten reduziert werden. Bei der Darstellung der Ergebnisse ist jedoch zu beachten, dass nur einzelne Läufe verglichen wurden. Bei zukünftigen Analysen sollte daher ein Vergleich der Ergebnisse von mehreren Läufen durchgeführt werden.

Die größte Verbesserung ergibt sich bereits durch die Auswahl der besten Hyperparameterkonfiguration des initialen Designs. Eine weitere Verbesserung ist mit Hilfe des Surrogatmodells möglich. Hierbei ist die relativ große Anzahl unterschiedlicher Hyperparameter und die geringe Anzahl an Auswertungen zu berücksichtigen, so dass das HPT eher einem Screening als einer Optimierung ähnelt. Dennoch können wichtige Hinweise zur Auswahl geeigneter Hyperparametereinstellungen gewonnen werden. Insbesondere lassen sich ungünstige Einstellungen detektieren.

Neben diesen algorithmischen Vorteilen des OML ergeben sich zusätzliche Vorteile ökologischer und ökonomischer Natur: Durch die Reduktion des Speicherbedarfs und der Rechenzeit können die Kosten für die Bereitstellung von OML-Algorithmen reduziert werden. Dies ist insbesondere für kleine und mittelständische Unternehmen (KMU) von Interesse, die aufgrund ihrer geringen Ressourcen häufig auf die Nutzung von Künstliche Intelligenz (KI)-Verfahren und ML-Algorithmen verzichten müssen. Durch die Reduktion der Rechenzeit können die Algorithmen auch in Echtzeit eingesetzt werden. Ein wichtiger, positiver ökologischer Effekt ergibt sich direkt aus dem geringeren Speicher- und Zeitbedarf, so dass ein verbesserter ökologischer Fußabdruck erreicht werden kann und das Label „Green IT" guten Gewissens verwendet werden kann.

Zusammenfassung und Ausblick

11

Thomas Bartz-Beielstein und Eva Bartz

Inhaltsverzeichnis

Zusammenfassung

Dieses Kapitel liefert eine abschließende Beurteilung des Potenzials von Online Machine Learning (OML) für die Praxis. Es werden die Ergebnisse der Studien zusammengefasst und diskutiert und konkrete Empfehlungen für die OML-Praxis gegeben. Die Bedeutung einer passenden Vergleichsmethodik für Batch Machine Learning (BML)- und OML-Verfahren wird herausgestellt, um zu vermeiden, dass „Äpfel mit Birnen verglichen werden". Zudem weisen wir auf das große Potenzial von OML hin, das durch die Entwicklung der Open-Source-Software river vorhanden ist.

11.1 Notwendigkeit für OML-Verfahren

Die Notwendigkeit für den Einsatz von OML-Verfahren ist unbestritten, da BML in vielen Bereichen nicht mehr ausreichend ist. Die Anwendung von OML-Verfahren ist jedoch nicht trivial. Die Vorteile von OML müssen reproduzierbar, transparent und verlässlich nach-

T. Bartz-Beielstein (✉)
Institute for Data Science, Engineering, and Analytics, TH Köln, Gummersbach, Deutschland
E-Mail: thomas.bartz-beielstein@th-koeln.de

E. Bartz
Bartz & Bartz GmbH, Gummersbach, Deutschland
E-Mail: eva.bartz@bartzundbartz.de

T. Bartz-Beielstein und E. Bartz (Hrsg.), *Online Machine Learning*,
https://doi.org/10.1007/978-3-658-42505-0_11

weisbar sein. „Wie lassen sich BML und OML miteinander vergleichen?" ist eine zentrale Fragestellung, die in diesem Buch beantwortet wurde.

Für den Vergleich von BML und OML wurden neuartige, problemangepasste und zielführende Methoden entwickelt und angewandt. Aktuell gibt es nur wenige Veröffentlichungen, die BML-, Mini-Batch- und OML-Verfahren vergleichen. Daher leistet dieses Buch Pionierarbeit. Zum ersten Mal werden Güte (Performanz), Zeit- und Speicherbedarf vergleichend für diese drei Algorithmenklassen gegenübergestellt und experimentell analysiert.

Die Berücksichtigung der Auswahl von Trainings- und Testdaten ist dabei zentral, da sich die Vorgehensweise bei BML und OML fundamental unterscheidet. In diesem Buch wurden Open-Source-Softwarewerkzeuge zur Evaluierung von Batch-, Mini-Batch- und Online-Learning-Verfahren beschrieben und angewandt, mit denen BML- und OML-Algorithmen für die Regression und Klassifikation im Kontext von Batch Learning, Mini-Batch Learning und Online Learning verglichen werden können. Hierfür ist die Visualisierung der folgenden drei Kriterien für den gesamten Datenstrom zentral:

- Güte (insbesondere Accuracy und Mean Absolute Error (MAE)),
- Zeit und
- Speicherbedarf.

Mit dem Paket Sequential Parameter Optimization Toolbox for River (spotRiver) stehen Tools zur Verfügung, um beliebige BML- und OML-Verfahren mit passenden Gütekriterien auf unterschiedlichen Datensätzen experimentell zu analysieren.

Nach einer grundlegenden Einführung in OML wurden State-of-the-Art-Verfahren zu Batch Learning, Mini-Batch Learning und Online Learning eingeführt. Dabei steht die praktische Anwendbarkeit im Vordergrund. Daher wurden die Verfahren in diesem Buch anhand von Praxisbeispielen vorgestellt und diskutiert. Zwei Studien und ein Hyperparameter-Tuning wurden unter Verwendung öffentlich zugänglicher, frei verfügbarer Datensätze durchgeführt. Als Vergleichsmetriken für die einzelnen BML- und OML-Modelle wurden die Güte, die Laufzeit und der Speicherbedarf berechnet.

11.2   Empfehlungen für die Online Machine Learning-Praxis

Aus den in diesem Buch vorgestellten Studien und Experimenten lassen sich folgende Empfehlungen für die OML-Praxis ableiten:

- Einfach starten: Im Falle der Klassifikation sollte zunächst das einfachste logistische Regressionsmodell und im Falle der Regression das einfachste lineare Regressionsmodell verwendet werden. Diese Vorgehensweise ermöglicht eine Einschätzung, ob OML-Algorithmen geeignet sind. Der Einfluss der Datenvorverarbeitung („preprocessing") sollte nicht unterschätzt werden. Eine gute Featuregenerierung kann die Güte der OML-Verfahren deutlich verbessern.

- Hyperparameter beachten: Der Einfluss der Hyperparameter sollte untersucht werden. Insbesondere bei den baumbasierten OML-Verfahren sollten die adaptiven Verfahren, die zur Driftbehandlung entwickelt wurden, berücksichtigt werden.
- Vergleiche hinterfragen: Die Ergebnisse der BML- und OML-Algorithmen sind nur bedingt direkt vergleichbar, auch wenn die gleichen Gütemaße verwendet werden, da die Vergleiche unterschiedliche Datensätze verwenden. Die Auswahl geeigneter Daten und die Auswahl der Gütemaße sind daher zwei wichtige Schritte, die in Kap. 5 beschrieben wurden.
- OML-Besonderheiten bei den Vergleichen einbeziehen: Das im Vergleich zu dem BML-Verfahren schlechte Abschneiden der OML-Verfahren muss, je nach Aufgabenstellung, überdacht werden. Es kann einen gewünschten Effekt der OML-Verfahren widerspiegeln: Diese sind fähig, sich an die aktuelle Datenlage anzupassen. Dies kann der Fall sein, wenn das OML-Verfahren auf den aktuellen Daten trainiert wird, aber zur Evaluation der gesamte Datensatz verwendet wird. Tritt in diesem Drift auf, so kann die Güte des OML-Lerners auf dem gesamten Datensatz schlechter ausfallen als die Güte des BML-Verfahrens, das den gesamten Datensatz zum Lernen zur Verfügung hat (oder zumindest einen relativ großen Trainingsdatensatz). Wird hingegen nur der aktuelle Zeitraum für die Evaluation des OML-Verfahrens verwendet, kann die Güte der OML-Verfahren sehr viel besser sein. Daher haben wir im weiteren Verlauf der Studie neben den Vergleichen der Batch- und Onlineverfahren zusätzlich den Vergleich der Mini-Batch-Verfahren aufgenommen, siehe auch Definition 1.11.
- Speicher- und Zeitbedarf abschätzen: Hoeffding-Bäume werden relativ groß und benötigen viel Speicher. Daher ist eine detaillierte Untersuchung der Verfahren zur Beschränkung der Baumgröße erforderlich. Die Aufstellung eines Versuchsplans (mittels Design of Experiments (DOE) oder Design and Analysis of Computer Experiments (DACE)) ist zu empfehlen, um zu große Laufzeiten für die Experimente zu vermeiden [D C Montgomery (2017)] (Santner et al. 2003). Hyperparameter-Tuning ist auch hier eine sinnvolle Vorgehensweise.
- Überraschungen einplanen: Teilweise traten unerwartete Ereignisse erst nach längerer Laufzeit auf. Die Bedeutung und die Auswirkungen sind für den praktischen Einsatz schwer abzuschätzen, da auch die verwendete Software sich noch in einem Entwicklungsstadium befindet. Daher ist nicht eindeutig, ob fehlerhafte Ergebnisse oder nichtendende Programmläufe und Abstürze durch den Algorithmus oder durch eine fehlerhafte Implementierung verursacht wurden.
- Softwareentwicklung beobachten: Es zeichnet sich ab, dass das Paket river als State-of-the-Art-Software die bisherigen OML-Softwarepakete ablösen wird. Hier wird ein großes Potenzial gesehen, da das Paket aktiv weiterentwickelt wird. Es liegt aktuell in der Version 0.21.0 vor. Insbesondere ist eine Schnittstelle zu Hyperparameter-Tuning-Verfahren wie Sequential Parameter Optimization Toolbox (SPOT) sinnvoll (Bartz et al.

2022). Parallel zur Weiterentwicklung von river werden die Pakete spotRiver und Sequential Parameter Optimization Toolbox for Python (spotPython) entwickelt, wodurch das Hyperparameter-Tuning für OML ermöglicht bzw. vereinfacht wird.

Tipp

- Momentan ist keine aktuelle OML-Software, die „von der Stange" genommen werden kann und sofort einsatzfähig ist, verfügbar.
- Das Gebiet des OML könnte in absehbarer Zeit interessante Lösungsmöglichkeiten, insbesondere für die Aktualisierung sehr großer Machine Learning (ML)-Modelle, bereitstellen.

Definitionen und Erläuterungen

A

A.1 Gradientenabstieg

Definition A.1 Gradientenabstieg

Der Gradientenabstiegsalgorithmus führt die folgenden Schritte durch, wobei δ die Schrittweite, λ die Lernrate, x_t die alten, x_{t+1} die neuen Parameter und ∇ den Gradienten darstellen:

1. Initialisierung der Parameter x_t mit zufälligen Werten.
2. Berechnung des Gradienten ∇ der Zielfunktion f.
3. Schrittweitenberechnung: $\delta = \lambda \cdot \nabla$.
4. Berechnung der neuen Parameter: $x_{t+1} = x_t - \delta$.
5. Wiederholen der Schritte 2–4, bis der Gradient nahe null ist.

Die Lernrate ist ein Hyperparameter, der sich direkt auf die Konvergenz des Algorithmus auswirkt. Bei einer sehr kleinen Lernrate dauert es sehr lange, bis der Gradientenabstiegsalgorithmus konvergiert. Ein sehr großer Wert der Lernrate führt dazu, dass der Algorithmus große Schritte wählt, so dass er möglicherweise das Optimum verfehlt.

A.2 Satz von Bayes

Es bezeichne $P(A)$ die (A-priori-)Wahrscheinlichkeit des Ereignisses A und $P(A \mid B)$ die (bedingte) Wahrscheinlichkeit des Ereignisses A unter der Bedingung, dass Ereignis B eingetreten ist. Falls $P(B) > 0$ ist, gilt

$$P(A \mid B) = \frac{P(B \mid A) \cdot P(A)}{P(B)}.$$

© Der/die Herausgeber bzw. der/die Autor(en), exklusiv lizenziert an Springer Fachmedien Wiesbaden GmbH, ein Teil von Springer Nature 2024
T. Bartz-Beielstein und E. Bartz (Hrsg.), *Online Machine Learning,*
https://doi.org/10.1007/978-3-658-42505-0

Somit lässt sich die Wahrscheinlichkeit von A unter der Bedingung, dass B eingetreten ist, durch die Wahrscheinlichkeit von B unter der Bedingung, dass A eingetreten ist, berechnen. Diese Aussage liefert die Grundlage für den Satz von Bayes.

Theorem A.1 *Satz von Bayes*
Bei endlich vielen Ereignissen gilt:
Wenn A_i, $i = 1, \ldots, N$ eine Partition (Zerlegung) der Ergebnismenge in disjunkte Ereignisse ist, gilt für die A-posteriori-Wahrscheinlichkeit $P(A_i \mid B)$

$$P(A_i \mid B) = \frac{P(B \mid A_i) \cdot P(A_i)}{P(B)} = \frac{P(B \mid A_i) \cdot P(A_i)}{\sum_{j=1}^{N} P(B \mid A_j) \cdot P(A_j)}.$$

A.3 Hoeffding-Schranke

Theorem A.2 *Hoeffding-Schranke*
Für alle $\epsilon \in (0, 1)$ gilt

$$P(|X - E(X)| > \epsilon) < 2\exp(-2\epsilon^2 n).$$

Als Konfidenzintervall zur Abschätzung der Entropie in einem Knoten wurde

$$\epsilon = \sqrt{\frac{R^2 \ln(1/\delta)}{2n}}$$

vorgeschlagen, wobei

- R der Wertebereich der Variablen,
- δ die gewünschte Wahrscheinlichkeit, dass der Schätzwert X nicht innerhalb der ϵ-Umgebung des Erwartungswerts $E(X)$ liegt und
- n die Anzahl der Samples in den Knoten darstellen.

Falls der Informationsgewinn mit Hilfe der Entropie als Teilungskriterium gewählt wird, ist der Wertebereich R der Entropie zwischen $[0, \ldots, \log(n_c)]$, falls die Klasse n_c unterschiedliche Werte annehmen kann.

A.4 Kappa-Statistiken

Definition A.2 Kappa-Statistik
Es sei p_0 die Prequential Accuracy des Klassifikators und p_c („c" = chance) die Wahrscheinlichkeit, dass ein „Chance"-Klassifikator, der zufällig Instanzen den Klassen zuordnet,

wobei er die gleichen Prozentsätze wie der eigentliche Klassifikator verwendet, eine korrekte Vorhersage trifft. Dann wird die κ-Statistik wie folgt definiert:

$$\kappa = \frac{p_0 - p_c}{1 - p_c}.$$

Ist der Klassifikator immer korrekt, dann ist $\kappa = 1$, ist er so „schlecht" wie der Chance-Klassifikator, dann ist $\kappa = 0$.

Definition A.3 Kappa-M-Statistik

Die Kappa-M-Statistik

$$\kappa_m = \frac{p_0 - p_m}{1 - p_m}$$

verwendet einen Majority-Klassifikator.

Der Majority-Klassifikator liefert bessere Werte als der Klassifikator, wenn die Klassenverteilung der vorhergesagten Klasse stark von der aktuellen Klassenverteilung abweicht.

Definition A.4 Kappa-Temporal-Statistik

Die Kappa-Temporal-Statistik

$$\kappa_{\mathrm{per}} = \frac{p_0 - p_e'}{1 - p_e'}$$

verwendet den „No-change"-Klassifikator.

Die Kappa-M- und die Kappa-Temporal-Statistik sind orthogonale Maße: κ_{per} kann Sequenzen gleicher Daten („bursts") gut erkennen (also keine Änderungen), während κ_m Änderungen erkennt.

Zusatzmaterial

B

B.1 Notebooks

Zusätzlich zu diesem Buch werden interaktive Jupyter-Notebooks im GitHub-Repository https://github.com/sn-code-inside/online-machine-learning bereitgestellt. Diese Notebooks sind kapitelweise organisiert. Tabelle B.1 gibt eine Übersicht. Das Repository wird fortlaufend gepflegt, so dass sich die Notebooks im Laufe der Zeit ändern können.

Tab. B.1 Übersicht der Notebooks

Kapitel	Notebook	Inhalt
Kap. 1	`ch01.ipynb`	Vom Batch Machine Learning zum Online Machine Learning
Kap. 2	`ch02.ipynb`	Supervised Learning: Klassifikation und Regression
Kap. 3	`ch03.ipynb`	Drifterkennung und -behandlung
Kap. 4	`ch04.ipynb`	Initiale Auswahl und nachträgliche Aktualisierung
Kap. 5	`ch05.ipynb`	Evaluation und Performanzmessung
Kap. 6	`ch06.ipynb`	Besondere Anforderungen an OML-Verfahren
Kap. 8	`ch08.ipynb`	Kurze Einführung in river
Kap. 9	`ch09_bike.ipynb`	Bike Sharing
Kap. 9	`ch09_friedman.ipynb`	Friedman-Drift
Kap. 10	`ch10_friedman-hpt.ipynb`	HPT. Friedman-Drift-Datensatz mit 1 Mio. Instanzen

T. Bartz-Beielstein und E. Bartz (Hrsg.), *Online Machine Learning*, https://doi.org/10.1007/978-3-658-42505-0

B.2   Software

Der Quellcode für das Open-Source-Softwarepaket `spotRiver` ist auf GitHub zu finden:
https://github.com/sequential-parameter-optimization/spotRiver.

Glossary

C

ADWIN	Adaptive Windowing. 28, 29, 31–33, 101, 108
ALMA	Approximativer Large-Margin-Algorithmus. 19
BIP	Bruttoinlandsprodukt. 75, 76, 83, 85, 86
BML	Batch Machine Learning. v–viii, x, xi, 1, 3, 4, 8–10, 16, 18, 20, 26, 27, 37–39, 43, 46, 47, 50, 53, 59, 61, 64, 65, 67, 73–76, 78, 79, 81, 84, 87–89, 92, 97, 100, 101, 103–108, 110–115, 133–135, 145, 147
BMWK	Bundesministerium für Wirtschaft und Klimaschutz. 76, 85, 86
BO	Bayesian Optimization. 118
CART	Classification And Regression Tree. 16, 118
CV	Cross Validation. 43
CVFDT	Concept-adapting Very Fast Decision Tree. 31–33, 40
DACE	Design and Analysis of Computer Experiments. 135
DDM	Drift Detection Method. 27
DL	Deep Learning. 118
DOE	Design of Experiments. 135
EFDT	Extremely Fast Decision Tree. 19
gbrt	Gradient Boosting Regression Tree. 105–112, 114
GRA	Global Recurring Abrupt. 111
HAT	Hoeffding Adaptive Tree. 15, 31–33, 40
HATC	Hoeffding Adaptive Tree Classifier. 38
HATR	Hoeffding Adaptive Tree Regressor. 38, 56, 108, 113–115, 119, 121–123, 125, 127–132
HPT	Hyperparameter-Tuning. 68, 115, 117–120, 124–126, 132, 141
HT	Hoeffding Tree. 15, 16, 18, 34

T. Bartz-Beielstein und E. Bartz (Hrsg.), *Online Machine Learning*, https://doi.org/10.1007/978-3-658-42505-0

HTR	Hoeffding Tree Regressor. 64, 108–110, 113, 121, 122
KI	Künstliche Intelligenz. v–vii, 132
KPI	Key Performance Indicator. 41
MAE	Mean Absolute Error. 43, 45, 51, 52, 100, 104, 106, 109, 110, 113, 124, 126, 134
ML	Machine Learning. 1–5, 8–10, 20, 40, 42, 46, 48, 51, 63, 67, 72–75, 77, 79–81, 83, 88, 89, 91, 95, 96, 109, 117, 118, 132, 135
MOA	Massive Online Analysis. xi, 90, 91, 93–95
MSE	Mean Squared Error. 45, 100
OML	Online Machine Learning. v–viii, x–xii, 1, 4, 10–13, 15, 16, 19–21, 26, 27, 31, 33, 37–39, 41–46, 48–54, 57, 59, 61, 63–67, 69, 71–83, 87–93, 97, 100–115, 117, 121, 132–135, 141, 145
PA	Passive-Aggressive. 15, 19
RF	Random Forest. 118
river	. vi, xi, 6, 10, 21, 34, 39, 53, 56, 60, 63, 67, 87, 90–95, 97, 102, 119, 120, 123, 133, 135
RMOA	Massive Online Analysis in R. xi, 90, 91, 93–95
ROC, AUC	Area Under The Curve, Receiver Operating Characteristics. 45
SEA	SEA synthetic dataset. 16
SGD	Stochastic Gradient Descent. 11, 12, 19, 20
sklearn	Scikit-Learn: Machine Learning in Python. xi, 39, 59, 101, 102, 105, 118
SMBO	Surrogate Model Based Optimization. 118
SMOTE	Synthetic Minority Oversampling Technique. 66
SPOT	Sequential Parameter Optimization Toolbox. 68, 117–119, 125–129, 131, 132, 135
spotPython	Sequential Parameter Optimization Toolbox for Python. 135
spotRiver	Sequential Parameter Optimization Toolbox for River. vi, 97, 134, 135
SVM	Support Vector Machine. 15, 19, 66
VFDT	Very Fast Decision Tree. 16, 18, 32

Literatur

Abadi, Martin et al. (Mar. 2016). „TensorFlow: Large-Scale Machine Learning on Heterogeneous Distributed Systems". In: *arXiv e-prints*, arXiv:1603.04467.

Aggarwal, Charu C (2017). *Outlier Analysis*. Springer.

Alvarez, Francisco, Edgar Roman-Rangel, and Luis V. Montiel (2022). „Incremental learning for property price estimation using location-based services and open data". In: *Engineering Applications of Artificial Intelligence* 107, p. 104513.

Andreini, Paolo et al. (2021). „Nowcasting German GDP: Foreign factors, financial markets, and model averaging". In: *International Journal of Forecasting*.

Aparicio, Diego and Manuel I. Bertolotto (2020). „Forecasting inflation with online prices". In: *International Journal of Forecasting* 36.2, pp. 232–247.

Auffarth, Den (2021). *Machine Learning for Time-Series with Python: Forecast, predict, and detect*. Packt.

Baena-García, Manuel et al. (2006). „Early drift detection method". In: *Fourth international workshop on knowledge discovery from data streams*. Vol. 6, pp. 77–86.

Bartz, Eva et al., eds. (2022). *Hyperparameter Tuning for Machine and Deep Learning with R – A Practical Guide*. Springer.

Bartz-Beielstein, Thomas, Jürgen Branke, et al. (2014). „Evolutionary Algorithms". In: *Wiley Interdisciplinary Reviews: Data Mining and Knowledge Discovery* 4.3, pp. 178–195.

Bartz-Beielstein, Thomas, Christian Lasarczyk, and Mike Preuss (2005). „Sequential Parameter Optimization". In: *Proceedings 2005 Congress on Evolutionary Computation (CEC'05), Edinburgh, Scotland*. Ed. by B McKay et al. Piscataway NJ: IEEE Press, pp. 773–780.

Bartz-Beielstein, Thomas, Martin Zaefferer, and Frederik Rehbach (Dec. 2021). „In a Nutshell – The Sequential Parameter Optimization Toolbox". In: *arXiv e-prints*, arXiv:1712.04076.

Beck, Martin, Florian Dumpert, and Jörg Feuerhake (Dec. 2018a). „Machine Learning in Official Statistics". In: *arXiv e-prints*, arXiv:1812.10422, arXiv:1812.10422. https://doi.org/10.48550/arXiv.1812.10422. arXiv: 1812.10422 [cs.CY].

Beck, Martin, Florian Dumpert, and Jörg Feuerhake (2018b). *Proof of Concept Machine Learning – Abschlussbericht*. Tech. rep. Wiesbaden: Statistisches Bundesamt (Destatis).

Bifet, Albert and Ricard Gavalda (2007). „Learning from time-changing data with adaptive windowing". In: *Proceedings of the 2007 SIAM international conference on data mining*. Vol. 7. SIAM.

Bifet, Albert, Ricard Gavalda, et al. (2018). *Machine Learning for Data Streams with Practical Examples in MOA*. MIT Press.

Bifet, Albert and Ricard Gavaldà (2007). „Learning from Time-Changing Data with Adaptive Windowing". In: *Proceedings of the 2007 SIAM International Conference on Data Mining (SDM)*, pp. 443–448.

Bifet, Albert and Ricard Gavaldà (2009). „Adaptive Learning from Evolving Data Streams". In: *Proceedings of the 8th International Symposium on Intelligent Data Analysis: Advances in Intelligent Data Analysis VIII*. IDA'09. Berlin, Heidelberg: Springer-Verlag, pp. 249–260.

Bifet, Albert, Geoff Holmes, et al. (2010). „MOA: Massive Online Analysis". In: *Journal of Machine Learning Research* 11, pp. 1601–1604.

Blumöhr, T., C. Teichmann, and A. Noack (2017). „Standardisierung der Prozesse: 14 Jahre AG SteP". In: *WISTA – Wirtschaft und Statistik* 5, pp. 58–75. url: https://www.destatis.de/DE/Methoden/ %20WISTA-Wirtschaft-und-tatistik/2017/05/standardisierung-prozesse-052017.html.

Borchani, Hanen et al. (2015). „Modeling concept drift: A probabilistic graphical model based approach". In: *Advances in Intelligent Data Analysis XIV*. Ed. by Elisa Fromont, Tijl De Bie, and Matthijs van Leeuwen. Lecture Notes in Computer Science 9385. Germany: Springer, pp. 72–83.

Breiman, L et al. (1984). *Classification and Regression Trees*. Monterey CA: Wadsworth.

Castle, Steffen, Robert Schwarzenberg, and Mohsen Pourvali (2021). „Detecting Covariate Drift with Explanations". In: *Natural Language Processing and Chinese Computing: 10th CCF International Conference, NLPCC 2021, Qingdao, China, October 13–17, 2021, Proceedings, Part II*. Berlin, Heidelberg: Springer-Verlag, pp. 317–322.

Chatterjee, Sharmistha and Sushmita Gupta (Mar. 2021). „Incremental Real-Time Learning Framework for Sentiment Classification: Indian General Election 2019, A Case Study". In: *2021 IEEE 6th International Conference on Big Data Analytics, ICBDA 2021*, pp. 198–203. https://doi.org/ 10.1109/ICBDA51983.2021.9402992.

Chen, Valerie et al. (Jan. 2022). „Interpretable Machine Learning: Moving from Mythos to Diagnostics". In: *Queue* 19.6, pp. 28–56.

Chen, Zhiyuan et al. (2018). *Lifelong Machine Learning*. 2nd. Morgan and Claypool Publishers.

Chollet, Francois et al. (2015). *Keras*. https://keras.io.

Crammer, Koby et al. (2006). „Online Passive-Aggressive Algorithms". In: *Journal of Machine Learning Research* 7.19, pp. 551–585.

Ditzler, Gregory and Robi Polikar (2011). „Hellinger distance based drift detection for nonstationary environments". In: *2011 IEEE symposium on computational intelligence in dynamic and uncertain environments (CIDUE)*. IEEE, pp. 41–48.

Domingos, Pedro M. and Geoff Hulten (2000). „Mining high-speed data streams". In: *Proceedings of the sixth ACM SIGKDD international conference on Knowledge discovery and data mining, Boston, MA, USA, August 20-23, 2000*. Ed. by Raghu Ramakrishnan et al. ACM, pp. 71–80.

Dredze, Mark, Tim Oates, and Christine Piatko (2010). „We're not in kansas anymore: detecting domain changes in streams". In: *Proceedings of the 2010 Conference on Empirical Methods in Natural Language Processing*, pp. 585–595.

Dries, Anton and Ulrich Rückert (2009). „Adaptive concept drift detection". In: *Stat. Anal. Data Min.* 2.5-6, pp. 311–327.

Dumpert, Florian and Martin Beck (2017). „Einsatz von Machine-Learning-Verfahren in amtlichen Unternehmensstatistiken". In: *AStA Wirtschafts- und Sozialstatistisches Archiv* 11.2, pp. 83–106.

Ezukwoke, K.I and S.J Zareian (June 2021). „Online Learning and Active Learning: A Comparative Study of Passive-Aggressive Algorithm With Support Vector Machine (SVM)". In: *Journal of Higher Education Theory and Practice* 21.3.

Fanaee-T, Hadi and Joao Gama (2014). „Event labeling combining ensemble detectors and background knowledge". In: *Progress in Artificial Intelligence* 2.2, pp. 113–127.

Faria, Elaine R, João Gama, and André CPLF Carvalho (2013). „Novelty detection algorithm for data streams multi-class problems". In: *Proceedings of the 28th annual ACM symposium on applied computing*, pp. 795–800.

Forrester, Alexander, András Sóbester, and Andy Keane (2008). *Engineering Design via Surrogate Modelling*. Wiley.

Friedman, Jerome H. (2001). „Greedy Function Approximation: A Gradient Boosting Machine". In: *The Annals of Statistics* 29.5, pp. 1189–1232.

Gama, João et al. (2004a). „Learning with Drift Detection". In: *Advances in Artificial Intelligence – SBIA 2004*. Ed. by Ana L. C. Bazzan and Sofiane Labidi. Berlin, Heidelberg: Springer Berlin Heidelberg, pp. 286–295.

Gama, João et al. (2004b). „Learning with drift detection". In: *In SBIA Brazilian Symposium on Artificial Intelligence*. Springer Verlag, pp. 286–295.

„Generic Statistical Business Process Model – GSBPM" (2019). In: url: https://statswiki.unece.org/display/GSBPM/GSBPM+v5.1.

Gentile, Claudio (Mar. 2002). „A New Approximate Maximal Margin Classification Algorithm". In: *J. Mach. Learn. Res.* 2, pp. 213–242.

Gomes, Heitor M. et al. (2017). „Adaptive random forests for evolving data stream classification". In: *Machine Learning* 106.9, pp. 1469–1495.

Grzenda, Maciej, Heitor Murilo Gomes, and Albert Bifet (2020). „Delayed labelling evaluation for data streams". In: *Data Mining and Knowledge Discovery* 34.5, pp. 1237–1266.

H. F. M. Oliveira, Gustavo et al. (2017). „Time Series Forecasting in the Presence of Concept Drift: A PSO-based Approach". In: *2017 IEEE 29th International Conference on Tools with Artificial Intelligence (ICTAI)*, pp. 239–246.

Haftka, Raphael T. (2016). „Requirements for papers focusing on new or improved global optimization algorithms". In: *Structural and Multidisciplinary Optimization* 54.1, pp. 1–1.

Hahsler, Michael, Matthew Bolaños, and John Forrest (2017a). „Introduction to stream: An Extensible Framework for Data Stream Clustering Research with R". In: *Journal of Statistical Software* 76.14, pp. 1–50.

Hahsler, Michael, Matthew Bolaños, and John Forrest (2017b). *stream: Infrastructure for Data Stream Mining*.

Halstead, Ben et al. (2021). „Recurring concept memory management in data streams: exploiting data stream concept evolution to improve performance and transparency". In: *Data Mining and Knowledge Discovery* 35.3, pp. 796–836.

Harel, Maayan et al. (2014). „Concept drift detection through resampling". In: *International conference on machine learning*. PMLR, pp. 1009–1017.

Harris, Charles R. et al. (Sept. 2020). „Array programming with NumPy". In: *Nature* 585.7825, pp. 357–362.

Hayat, Morteza Zi and Mahmoud Reza Hashemi (2010). „A DCT based approach for detecting novelty and concept drift in data streams". In: *2010 International Conference of Soft Computing and Pattern Recognition*. IEEE, pp. 373–378.

Hulten, Geoff, Laurie Spencer, and Pedro Domingos (2001). „Mining Time-Changing Data Streams". In: *Proceedings of the Seventh ACM SIGKDD International Conference on Knowledge Discovery and Data Mining*. KDD'01. New York, NY, USA: Association for Computing Machinery, pp. 97–106.

Ikonomovska, Elena (2012). „Algorithms for Learning Regression Trees and Ensembles on Evolving Data Streams". PhD thesis. Jozef Stefan International Postgraduate School.

James, Gareth et al. (2021). *An Introduction to Statistical Learning with Applications in R*. 2nd. Springer.

Ke, Guolin et al. (2017). „LightGBM: A Highly Efficient Gradient Boosting Decision Tree". In: *Advances in Neural Information Processing Systems*. Ed. by I. Guyon et al. Vol. 30. Curran Associates, Inc.

Kimura, Tasuku et al. (2022). „Fast Mining and Forecasting of Co-Evolving Epidemiological Data Streams". In: *Proceedings of the 28th ACM SIGKDD Conference on Knowledge Discovery and Data Mining*. KDD'22. New York, NY, USA: Association for Computing Machinery, pp. 3157–3167.

Korstanje, Jan (2022). *Maschine Learning for Streaming Data with Python*. Packt.

Kuncheva, Ludmila I and William J Faithfull (2014). „PCA feature extraction for change detection in multidimensional unlabeled data". In: *IEEE transactions on neural networks and learning systems* 25.1, pp. 69–80.

Lee, Jeonghoon and Frederic Magoules (2012). „Detection of concept drift for learning from stream data". In: *2012 IEEE 14th International Conference on High Performance Computing and Communication & 2012 IEEE 9th International Conference on Embedded Software and Systems*. IEEE, pp. 241–245.

Lewis, R M, V Torczon, and M W Trosset (2000). „Direct search methods: Then and now". In: *Journal of Computational and Applied Mathematics* 124.1–2, pp. 191–207.

Li, Lisha et al. (Mar. 2016). „Hyperband: A Novel Bandit-Based Approach to Hyperparameter Optimization". In: *arXiv e-prints*, arXiv:1603.06560.

Lindstrom, Patrick, Brian Mac Namee, and Sarah Jane Delany (2013). „Drift detection using uncertainty distribution divergence". In: *Evolving Systems* 4.1, pp. 13–25.

Losing, Viktor, Barbara Hammer, and Heiko Wersing (2018). „Incremental on-line learning: A review and comparison of state of the art algorithms". In: *Neurocomputing* 275, pp. 1261–1274.

Manapragada, Chaitanya, Geoffrey I. Webb, and Mahsa Salehi (2018). „Extremely Fast Decision Tree". In: *Proceedings of the 24th ACM SIGKDD International Conference on Knowledge Discovery and Data Mining*. KDD'18. New York, NY, USA: Association for Computing Machinery, pp. 1953–1962.

Masud, Mohammad et al. (2011). „Classification and novel class detection in conceptdrifting data streams under time constraints". In: *IEEE Transactions on Knowledge and Data Engineering* 23.6, pp. 859–874.

McCloskey, Michael and Neal J. Cohen (Jan. 1989). „Catastrophic Interference in Connectionist Networks: The Sequential Learning Problem". In: *Psychology of Learning and Motivation – Advances in Research and Theory* 24.C, pp. 109–165.

McMahan, H. Brendan et al. (2013). „Ad Click Prediction: A View from the Trenches". In: *Proceedings of the 19th ACM SIGKDD International Conference on Knowledge Discovery and Data Mining*. KDD'13. New York, NY, USA: Association for Computing Machinery, pp. 1222–1230.

Meignan, David et al. (Sept. 2015). „A Review and Taxonomy of Interactive Optimization Methods in Operations Research". In: *ACM Transactions on Interactive Intelligent Systems*.

Montgomery, D C (2017). *Design and Analysis of Experiments*. 9th. New York NY: Wiley.

Montgomery, Douglas C (2008). *Statistical Quality Control*. Wiley.

Montiel, Jacob et al. (2021). „River: machine learning for streaming data in Python". In.

Nishida, Kyosuke and Koichiro Yamauchi (2007). „Detecting concept drift using statistical testing". In: *International conference on discovery science*. Springer, pp. 264–269.

Oza, Nikunj C and Stuart Russell (2001). „Online bagging and boosting". In: *8th Instrnational Workshop on Artificial Intelligence and Statistics*. Ed. by T Jaakola and T Richardson, pp. 105–112.

Page, E. S. (June 1954). „Continuous inspection schemes". In: *Biometrika* 41.1-2, pp. 100–115.

Pedregosa, F. et al. (2011). „Scikit-learn: Machine Learning in Python". In: *Journal of Machine Learning Research* 12, pp. 2825–2830.

Qualitätshandbuch der Statistischen Ämter des Bundes und der Länder (Mar. 2021). 1.21. url: https://www.destatis.de/DE/Methoden/Qualitaet/qualitaetshandbuch.pdf.

Quality Assurance Framework of the European Statistical System (2019). 2.0. url: https://ec.europa.eu/eurostat/documents/64157/4392716/ESSQAF-V2.0-final.pdf.

Radermacher, Walter J. (Nov. 1, 2018). „Official statistics in the era of big data opportunities and threats". In: *International Journal of Data Science and Analytics*6.3, pp. 225–231. https://doi.org/10.1007/s41060-018-0124-z. url: https://doi.org/10.1007/s41060-018-0124-z.

Ross, Gordon J et al. (2012). „Exponentially weighted moving average charts for detecting concept drift". In: *Pattern recognition letters* 33.2, pp. 191–198.

Ryu, Joung Woo et al. (2012). „An efficient method of building an ensemble of classifiers in streaming data". In: *International Conference on Big Data Analytics*. Springer, pp. 122–133.

Santner, T J, B J Williams, and WI Notz (2003). *The Design and Analysis of Computer Experiments*. Berlin, Heidelberg, New York: Springer.

Schweinfest, Stefan and Ronald Jansen (Oct. 28, 2021). „Data Science and Official Statistics: Toward a New Data Culture". In: *Harvard Data Science Review* 3.4. https://doi.org/10.1162/99608f92.c1237762. url: https://hdsr.mitpress.mit.edu/pub/1g514ljw/release/4.

Seabold, Skipper and Josef Perktold (2010). „statsmodels: Econometric and statistical modeling with python". In: *9th Python in Science Conference*.

Senftleben, Charlotte and Till Strohsal (2019). *Nowcasting: Ein Echtzeit-Indikator für die Konjunkturanalyse*.

Sethi, Tegjyot Singh, Mehmed Kantardzic, and Hanqing Hu (2016). „A grid density based framework for classifying streaming data in the presence of concept drift". In: *Journal of Intelligent Information Systems* 46.1, pp. 179–211.

Singh Sethi, Tegjyot and Mehmed Kantardzic (Mar. 2017). „On the Reliable Detection of Concept Drift from Streaming Unlabeled Data". In: *arXiv e-prints*, arXiv:1704.00023.

Sobhani, Parinaz and Hamid Beigy (2011). „New drift detection method for data streams". In: *International conference on adaptive and intelligent systems*. Springer.

Spinosa, Eduardo J, André Ponce de Leon F. de Carvalho, and Joao Gama (2007). „Olindda: A cluster-based approach for detecting novelty and concept drift in data streams". In: *Proceedings of the 2007 ACM symposium on Applied computing*, pp. 448–452.

Steinberg, Philipp, Nils Börnsen, and Dirk Neumann (Sept. 2021). *Digitale Ordnungspolitik – Wirtschaftspolitik daten- und evidenzbasiert weiterentwickeln*. Wirtschaftsdienst.

Street, W. Nick and YongSeog Kim (2001). „A Streaming Ensemble Algorithm (SEA) for Large-Scale Classification". In: *Proceedings of the Seventh ACM SIGKDD International Conference on Knowledge Discovery and Data Mining*. KDD'01. New York, NY, USA: Association for Computing Machinery, pp. 377–382.

Suárez-Cetrulo, Andrés L., Ankit Kumar, and Luis Miralles-Pechuán (Apr. 2021). „Modelling the COVID-19 virus evolution with Incremental Machine Learning". In: *arXiv e-prints*, arXiv:2104.09325.

Thomas, Rachel L and David Uminsky (May 2022). „Reliance on metrics is a fundamental challenge for AI." In: *Patterns (N Y)* 3.5, p. 100476.

Wang, Heng and Zubin Abraham (2015). „Concept Drift Detection for Streaming Data". In: *International Joint Conference on Neural Networks (IJCNN)*, pp. 1–9.

Wijffels, Jan (2014). *RMOA: Connect R with MOA to perform streaming classifications*.

Wolpert, David H and William G Macready (Apr. 1997). „No Free Lunch Theorems for Optimization". In: *IEEE Transactions on Evolutionary Computation* 1.1, pp. 67–82.

Yung, Wesley et al. (Jan. 1, 2022). „A quality framework for statistical algorithms". In: *Statistical Journal of the IAOS* 38.1. Publisher: IOS Press, pp. 291–308. https://doi.org/10.3233/SJI-210875. url: https://content.iospress.com/articles/statistical-journal-of-the-iaos/sji210875.

Zhang, Wenbin et al. (2021). „FARF: A Fair and Adaptive Random Forests Classifier". In: *Advances in Knowledge Discovery and Data Mining: 25th Pacific-Asia Conference, PAKDD 2021, Virtual Event, May 11–14, 2021, Proceedings, Part II*. Berlin, Heidelberg: Springer-Verlag, pp. 245–256.

Stichwortverzeichnis

Printed in the United States
by Baker & Taylor Publisher Services